Art of the City
Urban Public Art Planning

艺术造城
城市公共艺术规划

胡哲　陈可欣　著

华中科技大学出版社
http://www.hustp.com
中国·武汉

图书在版编目(CIP)数据

艺术造城:城市公共艺术规划/胡哲,陈可欣著.—武汉:华中科技大学出版社,2020.1
(2025.1重印)
(城市与建筑学术文库)
ISBN 978-7-5680-5850-6

Ⅰ.①艺⋯　Ⅱ.①胡⋯　②陈⋯　Ⅲ.①城市景观-景观设计-研究　Ⅳ.①TU984.1

中国版本图书馆 CIP 数据核字(2019)第 296804 号

艺术造城:城市公共艺术规划　　　　　　　　　　　　　　胡　哲　陈可欣　著
Yishu Zaocheng:Chengshi Gonggong Yishu Guihua

策划编辑:金　紫　　　　　　　　　　　　　责任编辑:王　婷
封面设计:王　娜　　　　　　　　　　　　　责任校对:李　琴
责任监印:朱　玢
出版发行:华中科技大学出版社(中国·武汉)　　电话:(027)81321913
　　　　　武汉市东湖新技术开发区华工科技园　　邮编:430223
录　　排:武汉楚海文化传播有限公司
印　　刷:武汉邮科印务有限公司
开　　本:710mm×1000mm　1/16
印　　张:12.5
字　　数:192千字
版　　次:2025年1月第1版第2次印刷
定　　价:78.00元

前　言

　　城市公共艺术是城市长期艺术活动的累积,不同地点的公共艺术组成了城市的整体艺术面貌,是一个城市历史文化的见证,也是一个城市区别于其他城市的重要特征。伴随着中国快速城市化以及城市的精细化建设,城市公共艺术结合城市开发,在数量和规模上都快速增长,西方上千年缓慢形成的过程被压缩成短短几十年时间。由于缺少统一规划,艺术家很难提前介入到公共艺术开发项目,艺术进入城市空间缺少一个工作的平台,大量的公共艺术项目仓促建设、重复建设和无序建设,严重地影响了城市的艺术风貌。城市公共艺术规划是近30年来在西方兴起的一种新的规划类型,本书系统地引介西方的城市公共艺术规划的理论和实践,综合城乡规划学和公共艺术两个学科的知识,详细地介绍了公共艺术的规划编制、规划管理和实施的内容。

　　全书共分为8个章节,主要围绕城市公共艺术规划的起源和发展、西方的理论和实践以及二者的关系,城市公共艺术规划的定位、价值观,规划的工作框架、类型,规划的基本内容、层次,专项规划、规划的程序和方法等内容展开。本书可供从事公共艺术、环境艺术设计、城乡规划设计以及城市建设管理等行业的专业人员和相关院校的师生阅读参考。

目　　录

0　绪　　论

0.1　城市公共艺术规划的任务

全球化时代,新的产业链和产业分工逐渐形成,西方国家通过将艺术植入产品来提升产品的附加值,以此占据产业链的上游,艺术已成为西方发达国家经济发展的主力和创新型国家的竞争力核心(见图 0-1)❶。基于此,以发展艺术为主导的艺术设计、工业设计、文化创意产业等新兴产业对城市空间的艺术氛围和创意环境提出了新的要求。为此,各国、各地区都通过推出城市公共艺术政策来推动城市创意氛围的营造,增强城市的艺术特色和吸引力,提升国家的文化竞争力和文化软实力。

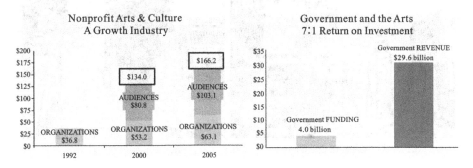

图 0-1　美国艺术行业增长数据和投资回报率

公共艺术政策在西方各国已得到推广,如 20 世纪 50 年代推行的《费城公共艺术条例》(*Public Art Ordinance in Philadelphia*),20 世纪 60 年代的《百分

---

❶　美国国家艺术基金会的统计报告显示:艺术方面的财政收入从 1992 年的 36.8 亿美元上升到 2005 年的 166.2 亿美元,除去通货膨胀的因素,年增幅在 11% 左右。从政府的投资回报率(return on investment)来看,政府的公共财政的投入和回报的比例接近 1∶7。

比艺术法案》(*Percents for Arts*)❶,1965 年美国国家艺术基金会的成立等,都为公共艺术的发展提供了长效的资金保障和政策支持。随着这些政策的实施,各城市在提升文化竞争力方面取得了诸多实效,如西班牙毕尔巴鄂市通过修建大型公共艺术设施古根海姆美术馆带动城市的复兴;西班牙的巴塞罗那、英国的爱丁堡与加拿大的蒙特利尔都以举办各种公共艺术活动作为城市形象建构与经济发展的主力;美国密西根州则以艺术街、公共艺术展、音乐节来吸引游客和发展创意产业。

随着全球化的深入,这种着眼于艺术附加价值,关注艺术产业、经济功能的政策逐渐受到质疑,"经济至上主义主导的艺术政策一定程度上加剧了国家和地区间文化的竞争"。艺术与资本的结盟,使得艺术成为符号化的资本,随着资本的流动,艺术作为产品和成功的商业模式被不断复制。现今,各类知名企业的商业广告标识和霓虹灯招贴牌充满了不同城市的公共空间(见图 0-2),渔人码头、SOHO、迪士尼乐园等成功的商业艺术模式被不断地复制。

纽约时代广场的跨国企业广告　　　　　　东京银座的跨国企业广告

图 0-2　商业艺术造成的城市空间的雷同

艺术在全球城市的竞争,仿佛是一场没有硝烟的战争,其结果是加速了城市空间的雷同和公共艺术资源的浪费。如亨廷顿在其著作《文明的冲突》

---

❶ 《百分比艺术法案》(*Percents for Arts*):即将城市建设资金的 1% ~ 3% 用于城市公共艺术建设,此法案后来在全世界普及,目前美国有 300 多个城市推行此计划,我国台湾和浙江台州也引入了这一政策。

中说过,"世界上众多的国家随着意识形态时代的终结,将被迫或主动地转向自己的历史和传统,寻求自己的'文化特色'(或者叫'文化认同'),试图在文化上重新定位"。竞争与合作从来都是对立又统一的关系,只有在合作中有竞争,在竞争中有合作,才能实现国家和城市间的平衡发展。1985 年欧盟发起的"欧洲文化之都"(European Capital of Culture)活动❶,2004 年联合国教科文组织推出的"全球创意城市网络"项目❷(The Creative Cities Network of UNESCO's Global Alliance),都旨在透过国家与城市间的艺术交流与分享加强团结,营造出具有多元文化特色的地方公共艺术。

近十年来,一种立足于本地区的城市公共艺术资源,强调空间的整体发展与规划过程的新城市公共艺术实践——"城市公共艺术规划"在各国城市展开(见附录 1)。融入全球化时代的中国也参与其中,2009 年,为进一步促进深圳市举办的"全球创意城市网络"项目与国际接轨,深圳市政府决定将原"深圳雕塑院"更名为"深圳市公共艺术中心",承担城市公共空间艺术的规划、研究、推广工作。杭州、深圳、上海都通过公共艺术规划来巩固国际先锋城市的形象。

0.2　城市公共艺术规划的机遇与挑战

转型是当今中国城市发展的整体特征,关系到政治、经济、文化等方面的全面变革。如列斐伏尔所说,"任何一个社会,任何一种生产方式,都会生产出自身的空间"。城市公共艺术规划具有综合性的特点,其产生与发展和当今中国的社会转型是密不可分的。

政治方面,中国政府通过推行文化体制改革,号召全体人民群众共同参与社会主义文化建设,共同分享社会主义文化成果。从"文化搭台,经济唱

---

❶ "欧洲文化之都"(European Capital of Culture):每年有 1 座或 2 座城市荣获这个称号,在享受称号的一年中,该市不仅有机会展示本市(本地区)具有象征性的文化亮点、文化遗产和文化领域的发展与创新,而且吸引欧盟其他成员国的艺术家、表演家到该市表演和展出作品。

❷ 该项目包括媒体艺术、电影艺术、民间艺术、音乐艺术、设计艺术等 7 种类型。项目旨在通过国家和城市之间的艺术合作与交流推动城市的发展,并对申请城市的艺术基础设施、艺术团体、艺术交流合作等城市创意环境做了明确要求。

戏"转向于文化事业与文化产业并重,将文化作为推动中华民族复兴的动力,并提到国家战略的高度。

经济方面,改革开放以来,经济建设取得巨大成就,生产效率得到显著提升,人们的休闲时间增加,对艺术的需求和消费逐步增长,城市公共艺术开始显现出巨大的需求与增长潜力。在计划经济向市场经济的转型过程中,城市公共艺术的投资和建设主体逐渐由政府转向多元化的开发和市场投资主体。城市公共艺术的规划和管理任务加剧,再加上产业升级和经济结构调整的压力与日俱增,国家已将文化创意产业作为战略型新兴产业。新兴产业的发展需要新的城市空间作为支撑,如文化创意产业和旅游产业等对空间创意氛围和艺术氛围都提出了更高的要求。

文化方面,自20世纪中叶现代主义运动风起并席卷世界各个城市,近百年以来人类所生活的城市形态已彻底地改变,数千年来建立的城市生活形制完全瓦解并得以重构。我们不得不面对冰冷的城市空间、巨大的贫富差距、冷淡的人际关系,以及人们逐渐失去生命中应有的热情与关怀之心等问题。在此背景下,城市公共艺术规划逐渐从艺术中分离出来,重新强调艺术和社会的关系,打破艺术和生活的界限,主张"人人都是艺术家""艺术即生活"。城市公共艺术规划致力于将艺术从形式的束缚中解放出来,从精英艺术、架上艺术、博物馆艺术中解放出来,强调日常生活的艺术化、审美化,以及试图缝合功能、理性以及现代主义给城市留下的创伤。

0.3 整体性城市公共艺术规划的需求

在全球化以及城市转型的大背景下,城市公共艺术的价值逐步显现,需求与日俱增,概念的外延和内涵方面都得到了极大的拓展,在学科上已成为独立的专业方向,这些都为城市公共艺术规划的产生和发展创造了良好的条件。但应该清醒地看到,中国城市公共艺术规划的理论和实践尚处于起步阶段,城市公共艺术的概念、学科、规划和行动以及空间呈现出明显的碎片化、实践随意性较大、缺少统一的框架的特征,亟待进行整合研究。

首先,作为艺术和艺术家的公共艺术和存在于公共领域中的公共艺术之间存在着隔阂,正如贝克的《艺术世界》中所说,艺术家和艺术必须保持艺术家的"独立性"和艺术的"自主性",这两点性质是艺术存在的基础;而公共艺术则要求艺术家抛弃自我,通过艺术介入公共领域,这在一定程度上造成了"艺术性"和"公共性"之间的分裂,例如许多有价值的艺术,公众看不懂,而公众都能理解的艺术作品可能艺术价值不高。城市公共艺术规划的作用就在于一头联系着艺术家,一头联系着公众,消除艺术和公共领域之间的隔阂,使艺术家认识到一个真实的公共领域,同时引导公众参与到艺术创作中来,理解艺术家的创作和艺术的内涵。

其次,城市公共艺术作为一个新兴交叉学科,从产生的背景来看,其目的在于缝合学科之间的割裂(见图 0-3)。在现代学科意义上的建筑、城市规划学科诞生之前,城市公共艺术、建筑和城市规划都包含在传统的艺术学科之中,并且与艺术呈现出同一性。到 19 世纪中期,随着西方社会逐渐进入快速的城市化阶段,对城市发展效率的追求使科学理性的工程思维占据了统治的地位,与此同时,高雅艺术和实用艺术两者的分离,导致建筑学和城市规划陆续从艺术学科中分离。学科的分化一方面造成脱离实用价值的精英艺术离真实的生活空间越来越远;一方面造成脱离艺术价值追求的规划与城市的多元文化追求以及城市的生活本质不相适应,城市的艺术生活价值被"工具理性"所遮蔽,引起诸如城市文化丧失、城市特色危机等问题。城市公共艺术学科正是在这样的背景下逐渐从艺术学科中分化出来,重新弥补艺术和城市规划以及建筑之间的缝隙。

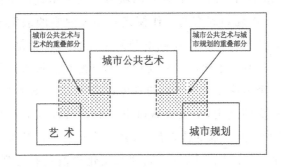

图 0-3　城市公共艺术与城市规划和艺术的关系

从我国城市公共艺术学科的发展情况来看,从属于艺术学科的公共艺术专业与工科体系下的城市规划专业分属于不同的学科体系。城市公共艺术专业更多地受到城市雕塑等艺术学科的影响，定位于艺术创作、艺术风格和艺术观念的表达，缺少从城市角度出发的宏观视野和整体观念。而城市规划学科很大程度上是继承苏联的模式，没有产生的艺术土壤和背景，更多被定位于工程技术领域，其存在有重经济轻文化、重技术轻艺术的传统，城市规划的艺术性和城市公共艺术规划的内容存在先天不足。

再次，从城市公共艺术规划实践来看，虽然国家和城市已将发展文化艺术提到城市整体和战略发展的高度，但并没有与之相对应的城市公共艺术规划。从行动的内容来看，现有的与公共艺术相关的内容多以专项规划的形式存在于城市规划体系中，相关行动的内容多以不同的形式散落在如城市雕塑规划、城市设计、城市 CI 设计、城市色彩规划、城市广告规划、城市公共设施规划、城市文化规划等中，从而阻碍了整体性效能的发挥；从行动的管理来看，规划编制、实施及管理都从属于不同的部门，部门间缺少横向沟通和协作的机制，存在规划主体不明确、层次结构不清晰、法律法规体系不健全、资金无保障、管理不到位、缺少相应的评价体系等问题；从行动的保障来看，受我国民主化程度不高等因素的影响，城市规划的协商参与的机制不健全，长官意识、精英决策仍普遍存在，使得城市公共艺术规划的公共性和艺术性不能得到应有的发挥。规划与行动上的断裂极大地阻碍了城市公共艺术的发展，其研究和实践亟待进行整合。

最后，在城市空间实践方面，现有的城市公共艺术规划主要依托于城市规划体系，然而城市规划固有的工作模式和相关内容的缺失导致城市公共艺术空间呈现碎片化特征。如在城市开发主体日趋多元化的今天，土地所有者对地块内的公共艺术建设享有使用权和支配权。城市规划通过公共政策的手段对每一个地块和管理单元的具体建设内容、用地性质、功能和经济技术指标做出相应的规定，来维护城市空间的公共性利益和整体效益。但是，相对于土地和空间资源等核心要素，城市公共艺术常常被简单理解为空间的美化和装饰，其经济属性、社会属性和文化价值没有得到应有的重视，并且因为城市公共艺术多元性和流动性特点，规划很难对每一件艺术品和艺术活动都做出定量的规定。在商业利益的驱使下，开发商将公共艺术作为商业炒作的噱头和获利的工具,商业标识信息和代表商业团体利益的公共艺术符号以地块为单位,空间的碎片化导致公共利益受到损害。

综上所述,面对基于艺术的全球城市竞争的挑战,以及城市转型背景下的中国城市公共艺术的发展机遇,通过学习和借鉴西方先进的经验,实现城市公共艺术与城市规划价值的关联,实现学科上的交叉与合作以及行动和空间上的整合,实现城市公共艺术的整体发展,并以整体性和战略性的思维重新审视城市公共艺术规划的内涵、目标和对象,以及构建保障城市公共艺术整体性发展的工作框架,有着重要的学术价值和实践指导意义。

1 城市公共艺术规划的起源和发展

1.1 西方城市公共艺术规划实践的起源和发展

公共艺术的实践源远流长,最早可追溯到古希腊城邦广场上的雕塑和艺术品。随着历史的变迁,"公共"和"艺术"的含义也在不断变化,不同的时代对公共艺术有不同的定义。现代意义上的公共艺术概念产生自 20 世纪 30 年代罗斯福新政时期推行的公共艺术赞助法案,体现为自上而下的国家政策层面的失业救助计划,以解决 20 世纪 30 年代经济衰败所造成的艺术家的失业问题,重振经济。随后,欧洲战后重建与大规模城市复兴计划中,文化和艺术在城市建设中的作用逐步显现,推动了公共艺术与城市建设结合。例如 1950 年费城推行的《费城公共艺术条例》以及《百分比艺术法案》随后在全世界得到推广。因为大量的资金注入以及实践领域的拓展,城市公共艺术规划随即产生。起初规划多以政策规划的形式出现,体现为通过"输血式"公共艺术资金的注入来达到提升城市文化艺术氛围和环境品质,实现经济发展的目的。

随着公共艺术实践的发展,城市公共艺术的内涵进一步拓展。除了经济利益外,还包括社会、环境方面,如教育、健康、生活品质、文化多样性等。Deborah Stevenson 指出,过去的城市公共艺术政策比较强调地方文化、社区或文化产业的发展,但现在社会融合(social inclusion)、培育公民权(citizenship)等方面的意义变得日益重要。事实上,城市公共艺术已经成为一个多重目的的综合体,就像苏格兰执行局(Scottish Executive)指出,"城市公共艺术的供应是一种成功的、追赶各种交错的政策与目的的方式,包括社会融合、经济再生、积极的公民权与环境改善等"。

在这样的背景下,一种立足于城市公共艺术整体发展的"城市公共艺术规划"在欧美国家诞生。真正意义上的城市公共艺术规划是1994年由美国亚特兰大社会和文化事务局（Atlanta Community and the Bureau of Cultural Affairs, BCA）编制的《亚特兰大市公共艺术总体规划》（*Public Art Master Plan for the City of Atlanta*）。与以往政策型的公共艺术规划有所不同，此次规划的重点逐渐转向对人的关注以及扩大公众的参与、提高公众认识，规划的内容涉及艺术家的选择、为本地艺术家提供创作机会、解决资金的困扰、公共艺术选址、提高社区参与决策和扩大公共艺术的定义等问题（见表1-1）。

表1-1　公共艺术规划与公共艺术政策的不同点

	城市公共艺术政策	城市公共艺术规划
对"城市公共艺术"的界定	纯艺术、高雅艺术、视觉艺术；雕塑、壁画	公共领域中与艺术相关的内容、设施、活动
对"公共艺术资源"的界定	高雅艺术、公共性资源	包括非公共投资的艺术，具有地方特色的艺术
工作视野	独立的文化和艺术部门的工作，仅从部门利益和公共艺术发展的角度出发	强调跨部门合作，从城市整体发展的角度着眼
部门干预	公共艺术作为公共资源，考虑艺术的发展和公共效益	基于城市公共艺术对城市的整体效益，强调整体协调与引导
政府角色	自上而下的政策干预	自下而上的管制，强调规划的引导、协调作用
工作的重点	侧重于公共艺术品的建设	注重多样化的艺术，以及制定发展战略和行动计划
决策的主体	专业艺术团体、艺术委员会、艺术专家、开发商	地方组织、社区组织、非政府组织、市民参与

随着规划实践的深入和内容的扩展,其作用和范围逐渐突破行业的边界,并与城市整体、长远的发展联系起来。2004年,美国艾灵顿公共艺术公共空间规划中建立了一个公共艺术发展的远景,对城市公共艺术发展涉及的领域和主题建立了一个为期5年的战略,在跨区域、跨部门以及跨学科合作方面具有突破性的意义。

最近十年,城市公共艺术规划经常出现在城市政府的工作计划、城市规划实践中以及各个院校的课程和研究中。在西方国家,相关的官方指导文件中,都将城市公共艺术规划作为重要的工作领域,并对规划的工作内容和工作的方法以及程序都做了详细的规定和说明。英国的国家规划政策(PPG)文件中,"PPG17"公共空间规划指导文件中规定,将城市建设资金的2%用于城市公共艺术,并且提出"为提高城市公共艺术的效能,应该将城市公共艺术整合到城市规划过程中"。美国阿什兰市公共艺术委员会(Public Art Commission,PAC)将其定义为:城市公共艺术发展的路线图,以帮助管理者理解公共艺术的方向和长远价值以及目标。费城区划条例将城市公共艺术分三部分内容:第一部分——管理和程序;第二部分——街区和功能;第三部分——发展标准。条例对权利与义务、规划包含的内容、经费的管理、奖励政策都做了详细说明。

通过近百年的发展,城市公共艺术规划的重心已由原来单纯的国家层面的政策规划下移至城市、地区、社区层面。城市公共艺术规划已成为城市规划体系中的重要组成部分,逐步实现了由城市公共艺术政策向城市公共艺术规划的转变。实践的领域已经从单独的公共艺术项目和概念中脱离出来,进入关注城市公共艺术整体发展的层面,并形成了与之配套的法律制度和操作程序。规划的内容和内涵逐渐广泛,甚至包括公共领域中所有与艺术相关的规划活动,包括艺术活动、艺术观念、艺术经济、艺术政策等。

从实践历程来看,城市公共艺术规划以西方的福利思想为依托,融入城市文化发展的理念,通过政府、公众、企业、非政府组织的广泛合作来实现城市的整体发展。城市公共艺术规划对塑造城市文化形象、提升城市凝聚力、保障社会文化福利以及推动经济发展都具有整体性价值(见图1-1)。

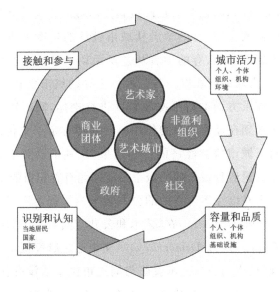

图 1-1　城市公共艺术规划的整体性价值

1.2　西方城市公共艺术规划的思想流变

依托城市公共艺术和城市规划的积淀,以实践先行为特征的西方城市公共艺术规划的研究呈现出多学科交叉的特征。通过对最近三十年的研究做统计分析,得出研究主要存在于城市学科、艺术学、美学和社会学四个方面。研究的关注点随着时代的发展逐渐演变,主要集中在"早期城市公共艺术规划在城市更新中的作用""中期对政策性规划的批判""将公共艺术作为一种社会参与的过程"以及"关注公共性保障及规划的程序"几个方面。

诸多城市研究方面的学者对自 20 世纪 70 年代中期开始的公共艺术与城市发展之间联系密切的现象给予了相当多的关注。从研究的内容来看,主要集中于早期对公共艺术政策在城市更新中的作用的研究,中期对政策性规划的批评和反思,以及后期对规划过程的转变和规划程序的研究。

随着西方国家进入后工业时期,研究转向于关注城市公共艺术在城市更新中的作用,有的学者从社会学的角度关注艺术符号如何使得衰败的城市地区重新获得发展❶,有的学者从政策角度研究城市文化政策对城市更新以及经济再生所起的作用,有的学者从城市设计的角度来研究城市公共艺术规划与城市更新的关系,有的学者从艺术活动同城市更新的关系的角度进行研究,有的学者从如何在以公共艺术为主导的城市更新中,在面对全球竞争和满足居民需求方面取得平衡等角度进行论述,同时还有很多学者关注城市公共艺术规划在经济方面的作用。巴塞特肯定了文化艺术政策主导下的城市更新对于城市旅游经济的推动效果,这种推动对于城市经济的多样化和解决工业衰退后日益严峻的城市经济问题有着积极的作用。

但是也有学者对以经济为目的的公共艺术政策提出质疑,如1992年罗莎琳·德淇(Rosalyn Deutsche)在《艺术和公共空间:民主的质疑》(*Art and Public Space:Questions of Democracy*)一文中通过研究城市中的博物馆和展览馆艺术发现,城市的公共艺术设施与周边市民生活没有任何关系,并提出公共艺术需要被捆绑成一个社会运动,公共艺术应坚持表达民主的原则,以避免成为私人艺术类型;在《不平衡发展:纽约市的公共艺术》(*Uneven Development:Public Art in New York City*)一文中,作者以美国曼哈顿的公共艺术规划为研究对象,对20世纪80年代盛行的城市再开发中的公共艺术的社会功能予以批判。作者从社会学的角度批判这种建立在私人利益和政府控制基础上的公共艺术规划,认为新城市公共艺术空间开发出许多绅士化的空间,致使许多人无家可归。明蒂(Zayd Minty)在《后种族隔离——开普敦公共艺术》中对早期以经济开发为目的的公共艺术规划政策造成的空间上的不平等提出了批评。菲尔·哈伯德(Phil Hubbard)在《未来城市中的公共艺术》一文中,通过英国城市更新过程中公共艺术的风格雷同问题,揭示城市公共艺术规划在塑造公民身份、诠释政府的象征意义以及抵抗消费主义中扮演的重要角色。

---

❶ 转自美国著名的社会学家Sharon Zukin在1982年出版的《阁楼生活:都市变革中的文化与资本》(*Loft Living:Culture and Capital in Urban Change*),该书是关于艺术在城市衰败地区更新中发挥作用的最早论著,书中研究了20世纪60年代纽约衰败的Soho地区如何成为艺术家聚集地区的发展历程。

　　这些批评掀起了一股对公共艺术规划的重新认识和反思的浪潮,推动了当代西方城市公共艺术规划理论的形成和发展。旧的范式受到指责的同时,新的秩序正逐渐建立。苏珊娜·莱西在《量绘形貌:新类型公共艺术》一书中提到,过去三十年中,不同背景和观点的视觉艺术家们以一种近似政治性、社会运动的方式创作,不同之处在于他们美学敏感度的表现。这些艺术作品的结构来源不纯粹是视觉性的或政治性的讯息,而源自一种内在的需要,由艺术家构思,并和群众合力完成。2000年,学者邱琬琦的《以都市设计的观点探讨公共艺术制度改善之刍议》,主要通过国内外公共艺术制度的探讨,了解其设置目的、执行机制、审议程序,再由"都市设计"的观点对公共艺术设置成果加以检讨,并与国外制度比较分析,寻求改善之道,提出公共艺术实施程序应以城市规划相关机制为依托,诸如上位总体规划、预期目标、不同层级的设置规范与审议程序等。马科姆·麦斯(Malcolm Miles)在《艺术、空间和城市》一书中揭示了现代主义美学观主导下的城市公共艺术通过规划和城市的文化产业的手段,以一种被简化的且被建构起来的精英化和绅士化的生活来代替真实日常生活的混乱的事实。

　　在艺术学和艺术社会学研究领域,人们对城市公共艺术的研究一直都抱有热情,城市公共艺术从现代公共艺术诞生之日起就承担着巨大的社会嘱托,如"墨西哥壁画运动"以及罗斯福政府的艺术新政等。随着历史的推进,从最初的国家层面的社会式的精英理想到关注公共艺术的真实生产过程,人们开始将城市公共艺术视作一个社会过程,强调社会参与过程和地方精神的美学回归。

　　例如格兰·凯斯特(Grant H. Kester)长期关注社会参与式公共艺术实践,在《对话性创作:现代艺术中的社群与沟通》中介绍了两个案例。第一个案例是由苏珊娜·莱西(Suzanne Lacy)和杰可比(Jacoby)共同策划的"火烧屋顶"(The Roof Is Fire)计划(见图1-2),以剧场行动为情景模式改变媒体的刻板印象,通过在加州奥克兰(Oakland)的一个停车场组织200位高中生展开视频对话,讨论加州有色裔年轻人的问题,并透过这一艺术活动使得拉丁族裔和非洲裔青年改变自己的公众印象;第二个案例是由奥地利"闭关周"(WochenKlausur)艺术组织完成的项目"介入帮助吸毒妇女"(见图1-3),

通过组织政府工作者和志愿者在船上对话,在苏黎世吸毒妇女和性工作者的处境上达成共识,并通过影响政策,形成了一项温和的社会福利救助计划。这些案例都表明公共艺术逐渐从以产品和作品为导向转变为以过程为导向,艺术家的目的不仅仅是完成一幅画作或艺术品,而是为了促成一系列对话,通过公众的参与和对话的过程,揭示一个真实的公共领域,实现公共性和艺术性的统一。

图1-2 "火烧屋顶"计划　　　　图1-3 "介入帮助吸毒妇女"项目

随着公共领域研究的延伸,研究逐渐深入到公共艺术规划的社会生产过程中。学者吴思慧在论文《公共艺术生产的公共过程与"公共性"建构》中认为,公共艺术具有促进公众参与公共事务的社会意义,并提出公共艺术的"公共性"特质背后的社会与政治内涵,强调公众参与及公共艺术凝聚地方社会意识,实现公共利益的过程,应朝向政治概念的"民主自理的政治共同体"以达到共同利益的目标。2006年埃里卡·多斯在《公共艺术的争论:文化表达和公民辩论》一文中将公共艺术视为民主辩论和宣扬文化主张的空间。

从西方众多学科的研究来看,无论是对早期公共艺术和城市实践的批判,还是将公共艺术视作社会过程强调艺术社会功能,还是作为一种社会行动在行动的过程中"倾听"与"沟通",都说明西方的城市公共艺术规划已逐渐从早先那种美学蓝图式的描绘和服务于政治目的和经济目的的政策工具以及自上而下、精英决策式的规划模式中摆脱出来,逐渐转向于城市公共艺术与城市的整体发展和城市公共艺术规划过程中公众的表达和沟通以及规划过程的质量的研究。

1.3 国内城市公共艺术规划的发展历程

1.3.1 城市雕塑规划的产生(1985 年以前)

毋庸置疑,任何理论研究都与其研究对象或事实的发展过程紧密相关,虽然当代形态的公共艺术规划的概念始于欧美,但城市公共艺术规划也非无本之木、无源之水。事实上,在我国传统城市的建设过程中,一直都有在户外空间设置雕塑、牌坊、碑塔和雕像等艺术品以及在公共建筑物上进行艺术装饰的传统。

直到孙中山推翻清朝的封建统治政权后,民权、民主、民生的思想深入人心。应该说,中国公共艺术的思想就是在这样的背景下产生和发展起来的。这一时期虽然没有直言公共艺术,但这些进步思想中已有公共性意识的存在。如 20 世纪 30 年代蔡元培先生提出"大美术"的概念,提倡以美育代宗教的教育理念,在《美育实施办法》一文中提出"美育要独立,使人们在艺术中找到失落的情感",还指出"道路交叉口,必须留出场地,造喷泉和雕刻品"。鲁迅先生在《集外集拾遗补编》中也提到,"壁画最能尽社会的责任,因为这和宝藏在公侯邸宅内的绘画不同,是在公共建筑的壁上,属于大众的"。

20 世纪 30 年代,西方左翼艺术思想随着马克思主义传入我国,逐渐完成了中国化的过程。毛泽东同志在 1942 年发表的《在延安文艺座谈会上的讲话》中提出了"文艺为工农兵服务"的基本方针。这一时期的艺术表现形式,基本上可以用"红、光、亮、高、大、全"来形容,艺术的公共性多处于政治意识形态之下。

1979 年,刘开渠、王朝闻分别发表文章指出"一定要实事求是和发扬民主,按照艺术规律办事"。1982 年 7 月,中宣部批复刘开渠等成立全国城市雕塑规划小组,讨论还通过了我国城市雕塑十年规划,"城市雕塑规划"这一我国自创的概念由此诞生。规划的内容和题材多以革命历史题材为主,如民族大团结浮雕、卢沟桥抗日战争纪念碑、龙华烈士纪念碑,作为我国土生土长的城市雕塑规划体系一直沿用至今,并作为城市规划中的一个专项规划存在,以此作为城市公共艺术规划的工作平台。

1.3.2 从城市雕塑到公共艺术(1985—2000 年)

城市雕塑关注的内容是城市户外雕塑和空间物质形态的艺术。公共艺术概念是对城市雕塑概念的拓展,是在 20 世纪 80 年代后当代艺术思潮、公共意识的觉醒、西方公共艺术概念的引介以及城市化水平提升多重作用下产生的。

20 世纪 80 年代中期,中国受到西方当代艺术思潮的影响,在艺术的表现形式和创作观念上出现了百家争鸣的局面。各种观念艺术、行为艺术、装置艺术层出不穷。80 年代末随着环境意识的提高和环境艺术学科的兴起,出现了公共艺术与城市公共空间相结合的趋势。

进入 90 年代,随着房地产业的兴起,公共艺术项目的投资主体也由原来以单一的政府投资、单位投资为主体转向以市场投资为主体。随着大量的房地产楼盘和市政项目投放,或出于提升产品和空间形象,或出于经济发展和政绩的诉求,以及公众文化福利水平的提高和艺术需求的增加,城市公共艺术的实践项目随之增加。

国内外艺术交流更加频繁,这一时期国外城市公共艺术思想和实践逐渐引入我国。有些学者通过介绍西方百分比艺术政策,提出制定我国公共艺术发展的可操作的程序和法规的建议;有些学者通过对形式的分析,研究西方艺术家如何通过环境艺术的语言来实现公共艺术作品和环境的对话;有些学者尝试将公共艺术与城市化和城市规划相结合,提出公共艺术是艺术综合体的概念,必须和各种艺术形式相结合,以及和城市规划、交通、市政设计结合起来的整体性艺术观念;还有学者通过剖析市场化过程中的权力和资本交接,揭示公共艺术的话语权实际上已经为少数拥有资本和权力的人操纵的事实。

20 世纪 90 年代以后公共艺术的概念逐渐普及,这和城市转型以及城市化水平的提升是分不开的。首先,公共艺术的法制化和制度化建设逐渐受到重视。1993 年由文化部、建设部联合颁布的《城市雕塑建设管理办法》对城市雕塑的主管部门的分工和城市规划的关系、具体项目的立项审批程序等都做了规定。有一些地方政府也开始尝试"艺术百分比"的立法,1996年深圳市南山区人大通过了国内第一个公共艺术的百分比计划,将城市建设资金的3%用于城市公共艺术建设。之后随着城市民主化水平逐渐提高,公众参与和民主决策等方法也被引入公共艺术的规划和创作中,例如1999年深圳雕塑院规划的"深圳人的一天"等新类型公共艺术项目的出现。

这一时期西方公共艺术观念的引入使得国人视野大开,在城市雕塑研究的基础上内涵和外延都得到了拓展,相关的法规和制度逐步完善,为实践提供了相应的保障。以上这些都加速了国内公共艺术研究的兴起和公共艺术研究中国化的进程。

1.3.3 城市公共艺术的兴起(2000—2008年)

根据主流期刊统计分析,2000—2008年的相关论文数为165篇,约占期刊总数的60%。从大量的研究来看,这一阶段是城市公共艺术规划相关研究本土化的时期,表现为城市公共艺术的概念逐渐明晰、研究领域和视角放宽、研究的层次逐渐清晰、研究的主体逐渐明确。

有的学者认为"公共艺术只有在明确限定的意义上才能使用",对概念的规范性研究成为焦点,其主要的精力集中在公共艺术产生过程以及场所的公共性上,如民主参与、互动交流、社会性等问题。有的学者则认为公共艺术应建立在民主制度的基础上,操作程序的合法性是公共艺术的基础,包括规划构思的过程、艺术家的选择、作品的遴选,都应遵循民主参与的原则,必须与公众互动,使公众可以围绕作品展开交流和讨论,接受公众的检验和批评。从公共艺术场所的公共性来看,要接纳不同的阶层参与公共艺术的操作过程中来,使其所属的空间和作品本身是可亲可及的并且是一种接纳和开发的状态。而另有学者从城市公共艺术的价值方面进行研究,认为它有助于在城市化的过程中实现空间的多重价值,能够衍生市民文化,有助于促成市民间的对话,体现市民的生活方式,表达城市独特的精神内涵,提升城市空间的生活品质。有的学者主要从历史性构建的角度研究当代城市公共艺术的定位问题。吴士新认为中国城市公共艺术是综合社会背景下的产物,不能脱离其时代背景。当代城市公共艺术并非单一的表现形式,是多种艺术的综合。公共艺术的核心在于通过程序的保障和制度的建设，来保障公众权利和限制特权。复旦大学郭公民以上海市城市公共艺术为对象，从整体时序发展的角度来进行研究，认为公共艺术是处于历史流变中的概念，始终不变的是以艺术的方式介入社会的公共领域，并成为来到这个领域中的人自我表达的媒介，最终实现社会整合和社会认同的公共功能。

另外，随着研究的视角逐渐放宽，不同的学者从城市学、符号学、传播学、社会学、政治学、宗教学、生态学等不同学科给予关注。例如北京大学翁剑青教授从城市的视角进行研究，在《城市公共艺术规划》一书中提出，城市公共艺术与公共艺术从字面上看只有细微的差别，但实质上反映了艺术设计学科本身的发展和概念的拓展，公共艺术城市全局观念的形成以及城市公共艺术规划和城市规划的互动。中国美术学院孙振华教授从政治学的角度进行研究，在《社会学的转向——公共艺术时代的艺术家》《公共艺术的公共性》《公共艺术的政治学》等文章中，提出公共艺术"是中国社会进步的要求，它体现出改革开放后的中国，在政治文明上的进一步探索"。马钦忠、王洪义从公共艺术学科的基础理论构建的角度，在《公共艺术基本理论》《公共艺术概论》等著作中，系统地阐述了我国公共艺术的基本原理、实践的原则和方法、涉及的社会性和经济性问题与城市发展的关系、制度的设计等。周成璐博士在其博士论文中说，"公共艺术的研究已经超出了纯艺术的领域而直达城市规划、城市设计、建筑、景观甚至进入了城市政治民主生活领域"，并提出"城市公共艺术具有其内部外部的运作逻辑，一是要服从内部的公共艺术的自身规律，二是运作中会受到诸多外部因素的影响"。

这一时期还有从其他学科角度进行的研究，如王向荣、林箐的《现代雕塑与现代景观设计》，刘文杰的《法兰克福学派意识形态批判语境中的公共艺术考察》，俞孔坚的《当代中国公共艺术的责任》，冯原的《空间政治与公共艺术的生产》。城市公共艺术层次逐渐清晰，如从项目层次进行的研究有李永林的《从广州抗非典纪念雕塑方案看公共艺术》；从城市局部地段进行研究的有邹跃进的《2000 阳光下的步履——北京红领巾公园公共艺术研讨会》，徐秀民的《公共艺术在旧城改造中的应用——青岛台东三路公共壁画步行街》；从城市总体层次进行研究的有周舸、栾峰的《雕塑城市——深圳城市雕塑发展战略与规划引导策略探索》等。

1.3.4　城市公共艺术规划的兴起(2008 年以来)

2008 年以来,随着文化建设被提升到国家战略的高度,城市发展逐渐转向城市文化。首先,在城市公共艺术实践和研究的基础上,概念和范围进一步放宽,城市公共艺术规划出现的频率增加。2005 年深圳市公共艺术中心编制了国内第一个城市公共艺术规划《攀枝花市公共艺术总体规划(2005—2020)》。然后,国家大事件的开展为城市公共艺术规划提供了发展的动力,如《2008 北京奥运会公共艺术规划》《上海世博园公共艺术规划》等。在此背景下相关研究不断出现,2010 年国家社会科学基金名录中将"当代城市公共艺术规划"列为重点课题,黎燕、张恒芝的《城市公共艺术的规划与建设管理需把握的几个要点——以台州市城市雕塑规划建设为例》、杜宏武、唐敏的《城市公共艺术规划的探索与实践——以攀枝花市为例的研究》、张华鹏的《哈尔滨城市公共艺术规划研究》等论文也相继发表。

邓乐教授提出用城市公共艺术规划代替城市雕塑规划的观点,相较后者提出城市公共艺术规划的 4 个特征:首先是时代性,更能反映当代的文化特征;然后是导向性,是对艺术历史发展做前瞻性的预期;再者是实践的扩展,渗透到更广泛的艺术实践领域;最后是资源性,规划的目的在于开发以及让公众共享公共艺术资源,并将城市公共艺术规划分为空间布局规划和艺术的主题策划两方面内容分别进行论述,最后提出 3 点建议:①针对城市特色丧失的问题,应发挥艺术的创造性价值,弥补城市规划建设中艺术的缺席。②保障公众权益,包括规划过程中公众的知情权和参与权。③将其纳入城市规划体系,提升规划成果的法定地位。何小青在其博士论文中提出"整合"的观念,通过制定综合的公共艺术规划,使之与城市规划、建筑设计、园林设计、城市管理等系统结合为一个整体。孙欣在其博士论文《基于互动的公共艺术》中,针对现代主义和城市规划过分强调对象本身,造成城市艺术性丧失和文脉丧失及我国当代公共艺术与城市规划、城市建设沟通协调不够等问题,提出公共艺术与城市规划相协调的原则,坚持以人为本,注重城市文化内涵和精神风貌,挖掘城市文脉,是对现有城市规划的补充、完善和升华。清华大学建筑学院周榕教授在接受《经济观察报》记者采访时曾说:"现在所谓的城市管理、城市规划这样一套体系就是建立在'乌托邦'梦想之下的。用这样的'乌托邦'模式,只能采用同一的、僵硬的标准,去消除现实中非常鲜活的东西……城市的话语权需要解放,不能再垄断在一些看不见的体制中,而要归还给每一个普通人,其中也包括艺术家。在城市规划之外,应进行一个城市的再定义。城市最重要的魅力来源是多样性、差异性,艺术在城市里应该有这种自觉和自信。"

最近几年,已出现一批结合城市公共艺术规划实践案例的实践性研究。如为打造"哈尔滨城市公共艺术之都"而编制的《哈尔滨城市公共艺术规划》。该规划结合了哈尔滨城市发展背景和特点及现有的公共艺术资源,针对以前的公共艺术规划缺少整体意识、对城市特质挖掘不够、主题混乱、缺少计划性、未能与城市规划体系进行很好的衔接、规划管理各自为政和管理重叠等问题,提出了系统的指导思想和操作机制,通过城市规划体系构建城市公共艺术规划的实施体系,结合城市公共艺术的属性、特征,研究构建一个规划体系框架,包括规划的目标与原则、主题定位、主题构成与分区、城市公共艺术布局;提出"一江一岛、两带、十六区、十六轴、十六园、百点"的规划布局,针对重点地段与城市公共艺术集中区规划。具体实施的措施和规划引导是从城市雕塑、公共艺术设施、公共艺术环境和公共艺术活动 4 个方面入手,还提出实施百分比政策的建议。

杜宏武教授指出,将城市公共艺术纳入城市规划体系,用规划手段加以规范和指导是必然的选择。但城市公共艺术规划不能套用现有的城市雕塑规划的理论和方法,并具有针对性地提出 5 个有待解决的问题:①公共艺术规划管理与公众享有空间权利的关系;②规划的弹性与刚性的问题,在维护城市规划的严肃性的同时要保障公共艺术的多样性,为艺术创作留出一定的空间;③选择的艰难性问题,规划和规划制度建设要维护空间民主和艺术的公共性价值,但同时要提防多数人的选择是否有降低艺术品质的危险;④规划内容的界定,公共艺术的附载形式多样,如何界定规划涵盖的内容;⑤协作机制的建立,管理上归属多个部门,如何建立起简单有效的协调机制。

作为国内正在实践"艺术百分比计划"的城市,浙江省台州市于 2004 年编制了《台州市城市公共艺术规划》。规划可分为主题和题材规划、空间结构和布局规划、规划的成果形式以及行动规划 4 个部分。

(1) 主题和题材规划:通过实地调研以及对已有的公共艺术进行归类、补缺,归纳和总结七类艺术题材。

(2) 空间结构和布局规划:根据城市空间结构形态,提出"六线、一区、多点"的规划框架结构。

(3) 规划的成果形式:用控制性详细规划图则的描述方法,结合修建性详细规划的总平面布局的方法,将规划成果转化成用点位编号和表格的形式来展现,确定近、中期规划的各项指标。针对城市不同的功能分区提出远期建设的原则性指导意见。

(4) 行动规划:建立城市公共艺术的建设运作机制,包括作品征集、专家评审、公众参与、艺术百分比计划、创作和制作单位准入机制、城市雕塑推出机制。

1.4 实践和研究中存在的问题

城市公共艺术规划从现有的规划实践来看还存在诸多问题。首先,城市公共艺术规划的编制数量、内涵在不断拓展,但并没有统一的规划工作框架,不同的城市规划主管部门和参与编制的单位在实践中形成了各式各样的项目成果,在工作框架和内容的建构上具有较大的随意性。其次,规划缺少整体性的视野,使规划的作用和价值受到局限,难以实现其城市公共艺术与城市整体发展的联动。再者,现有规划主要集中在城市总体层面,作为城市总体规划中的专项规划存在规划的层次单一问题,对空间实施过程难以有效监控。最后,实践的内容上,随着西方公共艺术概念的拓展,城市公共艺术规划的内涵已扩展到与艺术相关的全部内容,但从我国城市公共艺术规划的规划内容来看,受到传统城市雕塑规划体系的影响,多为单纯的物质空间要素或局限于视觉艺术,如雕塑、壁画等,没有从城市公共艺术整体进行考量,规划的作用和价值具有局限性。

　　首先从国内外文献统计分析来看,国内外研究关注的侧重点有所不同(见图 1-4),国内更关注空间方面的研究,而国外偏重于社会学方面的研究(国外社会公共层面占 32％,国内城市空间层面占 33％)。以上现象是由东西方的现实状况所决定的,相比西方几百年形成的民主制度,我国尚有差距。目前我国存在的最大的现实问题是必须适应快速城市化的发展阶段,将城市公共艺术规划的价值追求和我国的城市规划体系进行衔接,系统地构建规划的工作框架,实现城市公共艺术的跨越式发展。其次,城市公共艺术规划涉及多学科交叉,受学科视野的限制,研究常常局限于某种立场,例如艺术学科关注城市公共艺术价值的公共性和艺术性等,而规划学科往往关注物质空间要素,强调实用功能和经济价值,所以规划行为中的公共性和艺术性常常与实用性和经济性产生冲突,亟待一种全新的综合的研究视角。从学界研究的数量来看,国内城市空间层面的研究数量比国外多(文献数量国外占 23％,国内占 33％),从城市规划学科来研究城市公共艺术的文献仅有 7 篇,规划实践则仍然套用城市规划的一般原理和方法,没有提高到公共艺术规划的层面上来。

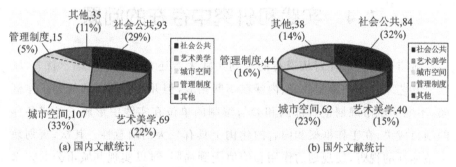

图 1-4　国内文献和国外文献统计对比

2 西方城市公共艺术规划的
理论与实践基础

2.1 城市公共艺术规划的相关概念与内涵

城市公共艺术规划的综合性和该词的构成有关。"城市公共艺术规划"由"城市公共艺术"(public art)和"规划"(plan/planning)两个部分组成,"城市公共艺术"是规划的对象和基本结构,"规划"是核心。因为城市公共艺术具有综合性特点,几乎无处不在,又无所不包,这就给城市公共艺术规划的研究和实践对象的界定带来了一定难度,另外,规划本身的构成及其在现代社会中所担当的多重角色又加大了这种困难。当城市公共艺术与规划这两项在内容上涵盖极其广泛的领域组合在一起的时候,城市公共艺术内部所具有的复杂性及张力就显而易见了。由于二者的概念和内涵是作为构建整体城市公共艺术规划的基础,本章从两者概念入手,对其进行界定,为系统引介和工作框架的构建奠定基础。

2.1.1 城市公共艺术

"城市公共艺术"是在"公共艺术"概念的基础上的拓展,"公共艺术"作为一个专有名词,由英文"public art"翻译而来,传入我国已将近半个世纪。我国在公共艺术实践和研究方面积累颇为丰富。但对这一概念的理解与阐释,学界中仍然各抒己见,莫衷一是,甚至以其代替雕塑、景观艺术和环境艺术设计等概念。清华大学翁剑青教授在《城市公共艺术》一书中将其概括为:①城市整体发展目标的回应;②城市整体公共艺术实践的概括;③与整体性的城市和社会发展的互动;④对城市公共艺术整体机制和制度的构建;⑤推动城市艺术和文化的整体发展。由此可见,公共艺术是城市发展的核心,城市是公共艺术存在的背景和环境。城市公共艺术在价值上使公共艺术和城市发展产生了联系,在空间上规定了公共艺术的实践范围,在行动上使得城市规划和城市公共艺术实践相结合。

1."公共"的概念

"公共"指公共空间、公共性甚至包含公共领域等丰富含义。中国传统文化中的"公"是"天下为公"的公,天下是大家共有共享的,因此"公共"有无法占为己有之意。依照费城现代艺术协会主席卡登(Janet Kardon)的说法:公共艺术不是一种风格或运动,而是以联结社会服务为基础,借由公共空间中艺术的存在,使得公众的福利被强化。再有,从"公共"(public)的字源"synoikismos"(希腊文)来看,其含有氏族、社会聚集的意思,"公共"指向"人"或"人群"的组织关系,城市公共艺术规划即是围绕"人"和"人群"来组织的规划形式。但作为公共艺术概念的"公共",常常涉及这个组织中个人审美权利的实现,也是最不容易妥协的权益。如夏铸九提出"公共是在充满政治冲突与辩论的动态社会过程中建构"这一论题。孙振华就公共艺术的"公共性"特征提出,"公共性"体现在公众对公共事务参与和分享的权利,公共艺术必须具备必要的制度背景来支持,公共艺术的形态和手段是丰富多样的,其物质载体也极其广泛多样。公共艺术的突出特征是强调公众的广泛参与和互动,强调关注公众广泛关心的社会问题,强调实施的过程性,强调与社区的联系,强调环境的针对性等。

2."艺术"的概念

"艺术"以及"什么是艺术"的阐释,在当代的艺术发展中已由以前狭义的用形象反映现实的"绘画"和"雕塑"演变成今天"什么都是艺术"的广义现象。纵然对"艺术"难以下定义,但是作为一种人的实践活动和城市空间要素,可以就其学科划分、空间的层次和功能限定其范围。

1) 作为实践领域的艺术

从我国的学科划分来看,教育部设立的一级学科"艺术学"包括 11 个具体的二级学科(见表 2-1)。

表 2-1　艺术学学科分类

编　号	二 级 学 科	三 级 学 科
760.10	艺术心理学	
760.15	音乐	音乐学、作曲与作曲理论、音乐表演艺术
760.20	戏剧	戏剧史、戏剧理论
760.25	戏曲	戏曲史、戏曲理论、戏曲表演
760.30	舞蹈	舞蹈史、舞蹈理论、舞蹈编导、舞蹈表演
760.35	电影	电影史、电影理论、电影艺术
760.40	广播电视文艺	
760.45	美术	美术史、美术理论、绘画艺术、雕塑艺术
760.50	工艺美术	工艺美术史、工艺美术理论、环境艺术
760.55	书法	书法史、书法理论、书法其他学科
760.60	摄影	摄影史、摄影理论、摄影其他学科
760.99	艺术学其他学科	

表 2-1 可以大致反映艺术能够作为一个独立的实践领域,但想以此来涵盖艺术的全部实践内容几乎是不可能的。例如,新西兰奥克兰市(Auckland)在制定面向 2020 年的公共艺术政策和指导的报告中,对公共艺术做了较为宽泛的定义:"凡是艺术家创作的,发生于公共空间,具有公共性的永久性或临时性作品。"《利弗莫尔公共艺术条例》(City of Livermore Public Art Policy)中对什么是公共艺术的媒介,以及什么不是公共艺术两个方面进行了限定。公共艺术的媒介包括广泛的雕塑、绘画、素描、版画、摄影、书法、陶瓷、壁画、玻璃或水景、园林、文字文学艺术、独特的设计或特定场地铺路、家具和建筑物、声光艺术工程、有机的形式部分、临时性的设计工作、纪念物、礼仪性的物品和与之相关的市民活动。条例中建筑、市政工

程、市民活动都包括在公共艺术的艺术媒介之内。同时,对不符合资格的艺术媒介有如下规定:①批量生产或标准化的艺术品,除非被该项目的艺术家纳入艺术作品;②机械复制品的原创艺术作品;③景观和装饰物是由建筑师设计建造的,而不是由委员会推荐的专业的视觉艺术家设计建造的;④定向要素和标志物,除非是一个专业的艺术家创建整体概念中不可分割的部分。由此可见,对"什么不是公共艺术"的定义主要取决于是不是艺术家创作以及艺术创作的重要组成部分。如贡布里希在《艺术的故事》开头所说:"现实中根本没有艺术这种东西,只有艺术家而已。所谓的艺术家,从前是用有色土在洞窟的石壁上大略画个野牛形状;现在的一些人则是购买颜料,为招贴板设计广告画;过去也好,现在也好,艺术家还做其他许多工作。只是我们要牢牢记住,用于不同的时期、不同的地方,艺术这个名称所指的事物会大不相同,只要我们心中明白根本没有大写的艺术其物,那么把上述工作统统叫做艺术倒也无妨。"由此可见,当代艺术关注的已不仅仅是艺术品以及艺术形式本身,而是围绕着艺术实践相关的艺术家和人、艺术家和社会的关系展开的。这里不妨将"艺术"定义为一个由艺术家构成的实践领域。

2) 作为公共空间中的艺术

艺术作为城市空间要素,位于城市公共空间成为其立论的主要依据,城市公共空间作为艺术的载体,可从空间的层次和功能限定其规范和特征。拉斯维加斯文化事务处(City of Las Vegas/Office of Cultural Affairs)将"公共空间"定义为一个空间,一个在公共视野中市民方便获取和清晰可见的空间,这包括但不限于公园、街道、长廊、公共广场和门厅,还包括私人财产的所在地,例如街道、人行道或其他公共通道,但是必须具有向市民开放和清晰可见的公共性质。按城市公共空间性质将其分为市政公共艺术(municipal public art)、开发商的公共艺术(developer public art)、社区公共艺术(neighbourhood public art)、临时性公共艺术(temporary public art)4种类型,并对其进行规定。其中,市政公共艺术即使用公共资金面向市民和游客专门创建的公共艺术,它应用于公共领域,其中包括但不限于市政基础设施,如现有的城市建筑、公园、街道、广场和其他公共场所;开发商的公共

26

艺术即新的住房或商业开发中的组成部分,并坐落在一个方便市民使用和享受的公共领域;社区公共艺术的重点是依据当地社区网络的信息系统,它通常以社区为基础,让居民表达他们关注的事务,是通过社区参与创建的公共艺术,居民最关注艺术设计中与他们的社会经验吻合的一部分;临时性公共艺术指仅在季节性的时期内展出的艺术品和艺术活动。

综上所述,城市公共艺术具体表现在以下三个方面的整合:首先,是实践领域的整合,整合多样化的艺术实践形式,包括雕塑、绘画、音乐、表演等各种门类和各种风格的艺术;其次,是过程的整合,公共艺术的意义并不在于最终呈现的艺术效果,而是产生艺术的过程、艺术家与公众互动的过程,以及维护这一过程的一系列制度的设计;最后,是空间的整合,公共艺术和艺术馆中的艺术以及私人收藏的艺术不同,是置于城市公共空间中,具有空间的属性和城市的背景,是艺术与城市空间的整合。

因此,可将城市公共艺术定义为:一种联系城市整体发展,关注城市公共领域中的艺术实践以及艺术家群体,通过一系列过程和制度的设计服务于艺术家的创作并且实现城市中人的艺术文化福利和艺术方面的权利的过程。

2.1.2　规划

城市公共艺术规划概念的核心是“规划”,它所涉及的更多在思想方法方面,是一种建立在思维方法和操作手段上的概念。要理解城市公共艺术规划的实质,必须先了解“规划”概念本身。首先,作为城市公共艺术规划的“规划”,包括作为动词的“规划”,表示一个操作过程,作为名词的“规划”,表示规划成果或规划文本。在此,就前者进行论述。关于规划的定义,不同的领域、国家、理论派别之间会存在差异。由于城市公共艺术作为城市规划的一个重要组成部分,在此主要是引自 20 世纪以来西方城市规划的定义和理论思想。

（1）规划是一个以目标和问题为导向的行动过程。首先,规划是人类行为的一种基本的、普遍的行为过程,如“规划作为一项普遍活动是指编制一个有条理的行动顺序,使预定目标得以实现"。规划是一种人类思考和行动的过程,是一种普遍的人类行为。这一定义强调了作为一个工作过程的规划,也就是制定一个现实目标的行动方案,这个行动方案是有明确方向的,是指向未来目标的。其次,作为规划对象的具体行动,要确立行动的步骤,这些行动本身也是有目的导向的,是为了实现预定的目标。再次,规划具有较强的问题意识,是以实现目标和解决问题为出发点的,并通过管理和控制性的行为来达到这两个方面的目的。如麦克洛克林(McLoughlin J. B.)所定义的:我们知道个人和团体,为了本身的利益所采取的行动,能够引起社会经济和景观方面的问题。这些问题均与土地使用有关。规划就是建立一系列内容广泛和具体的目标,并据此对个人和集团的行动施加管理和控制,以减少其不利影响并充分发挥物质环境的积极作用。

(2)"规划本质上是一种有组织的、有意识的和连续的尝试,以选择最佳的方法来达到特定的目标",华特森这一定义提出了规划过程的一个重要的特征,即规划是有组织和有意识的行动,而且具有非常强烈的目的性。因此,规划的过程实际上就是以这样的一种有组织和有目的性的方式,选择最有效的方法来实现预期的目标,当然在具体的方法的选择上仍然需要在行动的过程中不断地进行实验。

(3)"规划是拟定一套决策以决定未来的行动,即指导以最佳的方法来实现目标,而且从其结果学习新的各种可能性的决定及新追求目标的过程。"德罗尔(Dror Y.)作为政策研究的专家,把规划看成一种决策,并从系统论的角度,提出了规划与实施过程的循环往复的过程。他认为规划决定了现实目标的未来行动,并从行动的结果中不断地学习完善,以不断地协调和完善规划的内容和过程,所以规划的过程是一个循环往复的过程,通过这样的过程不断地向前推进。

(4)"规划是通过民主机制集体决定的,以作为有关未来趋势集中的、综合的和长期的预测……提出并执行协调的政策体系,这些政策设计具有连接预见的趋势和实现理想的作用,预先阐述合适的目标。"默达尔(Myrdal)的定义提出了规划过程的内容及其特征,他秉承了德罗尔对规划就是决策的理解:规划的过程就是一个决策的过程,因此规划就是提出并执行相互协同的政策体系。这些政策体系必须建立在预测的基础之上,并且这些政策应当既是适应未来发展趋势的,又体现对理想的实现,因此,对未来发展的现实基础的认识和对未来目标的追求具有同样的重要性。

对于规划的定义是多种多样的,虽然各自都有不同的立场,无论规划是作为一个以目标和问题为导向的行动过程,还是为达到某一目标而进行的有组织性的尝试以及决策,但是其共同的特点是规划的未来导向性以及实现目标的行动过程。

2.1.3 城市公共艺术规划

从现有的实践和研究来看,城市公共艺术规划(Urban Public Art Planning)的实践是近十年的事情。目前尚未形成一致的叫法,例如"丹佛市公共艺术规划"(Denver Public Art Planning)、"达拉斯公共艺术计划"(City of Dallas Public Art Program)、"路易斯维尔公共艺术总体计划"(Louisville Public Art Master Plan)等。按照不同的工作性质有"文化艺术总体规划"(Sierra Madre Cultural Arts Master Plan 2007)、"公共艺术视觉计划"(Public Art Vision Plan-Wake Forest,NC 2004)、"公共艺术行动计划"(Public Art Action Plan)、"地标、纪念碑和公共艺术总体规划"(Markers,Monuments,and Public Art Master Plan and Guidelines City of Savannah 2009)、"公共艺术框架和场所指南"(Public Art Framework and Field Guide for Madison,Wisconsin 2004)、"达拉斯艺术区战略评估和行动计划"(Dallas Arts District Strategic Assessment and Action Plan)等。国内近年来也出现了相关的实践,如 2005 年由深圳市公共艺术中心编制的国内第一个公共艺术规划——《攀枝花公共艺术规划(2005—2020)》。不同的国家和城市因为发展的阶段不同以及对公共艺术的实际需求不同,规划的实践形式、工作的领域、工作的内容存在一定的差别。

实践和研究中关于城市公共艺术、规划和城市公共艺术规划的定义有很多,这里能列举的例子十分有限。从以上的定义中可以看出,虽然各自的描述有所不同,但仍然具有一些相同的特质。首先,具有未来导向性,是对未来行动结果的预测,也是对自身行动的预先安排;其次,是对目标的理性决策过程,也是回应现实状况并具备价值判断的行动;再次,通过一定的组织形式,不断地协调和自我完善,通过最有效的方法来实现预期的目标;最后,都体现为一个决策的过程,过程中都以民主协作的方式作为保障。

综上所述,笔者认为,要更好地结合城市公共艺术过程性和整合性的特点,以及规划未来导向的特点,可将城市公共艺术规划定义为:在对相关资源和目标整体性认识的基础上,为实现城市整体发展以及人人都享有艺术生活的目标,以城市公共空间为载体,以调控城市公共艺术资源为手段,制定方案、采取行动并对其过程实施监控,使之趋近并达到预期目标的实践行为过程及结果。简而言之,城市公共艺术规划是致力于满足城市和人的艺术需求和发展的行为,是基于城市公共艺术目标和价值判断的实践过程。

2.2　城市公共艺术规划的历程

追根溯源,在现代学科意义上的建筑、城市规划、城市公共艺术诞生之前,这些有组织的城市建设行为都包含在传统的艺术学科之中。因为实践的需要和现代学科体系的划分,城市公共艺术规划和城市规划几经分合但殊途同归,因为对艺术生活价值的追求使其最终走到了一起(见图 2-1)。

2.2.1　早期艺术家设计城市

无论是古希腊强调纯粹的审美艺术追求,还是罗马用艺术手法去渲染威严与权力的秩序感,亦或中世纪的城市强调城市与自然和谐的美的艺术,早期艺术家在价值追求、实践领域都呈现出同一性的特征,体现为一种整体性艺术城市的思想,并用艺术的原则设计城市。在漫长的历史长河中,艺术家是城市的设计者和创造者,主导着城市的建设。艺术家把建筑当成放大的雕塑或把雕塑、壁画和建筑作为一个整体来设计,甚至把城市当作一件艺术品。

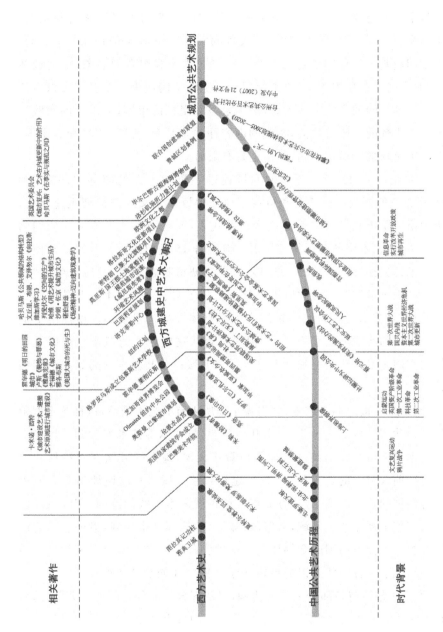

图 2-1　城市公共艺术规划与城市规划的分与合

从空间的意义来看,艺术与宗教信仰、哲学、劳动等都是紧密联系的。艺术作品、图形与符号成为艺术家"表现的空间"(representational spaces),使得空间超越了简单的描述的层次。经过艺术家和观者的想象,空间被体验,同时空间的意象被改变,原来物理意义上的空间成为一个真正可以生活的空间。从空间的实践范围来看,由于宗教和皇权的束缚,艺术家的实践往往服务于少数的贵族与教会,实践的内容往往是教堂、宫殿、广场和庙宇等,实践范围是局部的城市空间,作用也是有限的。

10世纪以后,欧洲工商业的发展促进了资本主义的萌芽,1760年和1780年爆发的两次产业革命和科技革命使得资本主义经济得到飞速发展,城市中市民阶级和资产阶级已成为新的代表,要求城市艺术能显现他们的财富和地位,艺术服务群体得到扩展。诞生自15世纪的文艺复兴运动使得欧洲艺术达到顶峰,一大批优秀的艺术家和城市随之诞生,随后产生的"巴洛克"和"洛可可"艺术直到"城市美化运动",影响了西方城市公共艺术实践长达几百年,艺术实践领域的拓展产生了整体性的艺术规划。虽然历史上对这一时期的实践活动褒贬不一,但不可否认这些恢宏的城市理想以及整体性的空间艺术实践一定程度上奠定了西方城市公共艺术的远景与空间的整体结构。

开始于15世纪的文艺复兴"出现了前所未有的艺术繁荣,这种艺术繁荣以后不曾达到",例如达·芬奇、米开朗基罗、拉斐尔等艺术家达到了历史上其他艺术家无可企及的高度。他们被看作天才,他们一方面非常珍惜和慎重地对待前人留下的艺术作品(包括建筑和整个城市),虔诚地恪守着城市和谐与整体的艺术法则;另一方面积极地扩展艺术实践的范围,实践范围已逐渐覆盖整个视觉艺术领域,从壁画、雕塑、建筑到城市规划,借助艺术他们设计并组织了城市周围的全部环境。这种实践中历史的整合以及领域的整合逐渐形成了一种整体意识的城市美学法则。如帕拉迪奥所说,"美产生于形式,产生于整体与各部分之间的协调,以及部分与部分之间的协调"。随后这种整体性的艺术规划原理一直指导着西方的城市规划实践,其中堪称典范的是付坦娜(Domenico Fontana)的罗马改造计划以及奥斯曼(George Eugene Haussmann)的巴黎改造计划。

　　教皇西斯塔五世时期的罗马改建计划(见图 2-2),在整体艺术规划原则的指导下,提出进行全城性的结构规划的概念,在整座城市中建立了完整的街道系统和视觉走廊,将高大的纪念物建筑作为城市中的关键地标,通过修直道路、改建广场和建设喷泉以及运用中轴线、方尖碑等为整个城市建立起强烈的视觉系统,使得罗马实现了难以描绘的壮丽,也实现了教廷建立中央集权的帝国梦想。

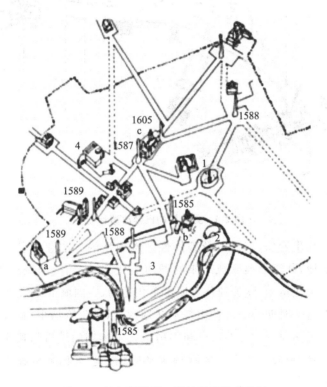

图 2-2　教皇西斯塔五世的罗马改建计划

　　拿破仑三世(1852—1870 年)时期,奥斯曼对巴黎实施了大刀阔斧的改造计划(见图 2-3),沿用古典主义的艺术原则,并将艺术视为提升城市影响力的标志。公共空间被疏通,大型公共艺术设施如巴黎歌剧院、奥塞美术馆在此时修建,还有众多标志性的公共艺术品(凯旋门、纪念碑等)也在此时修建。

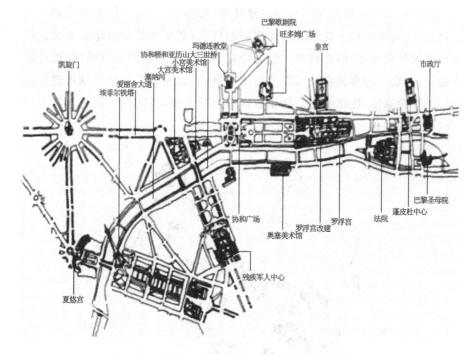

图2-3　奥斯曼的巴黎改造计划

这些体现出宏伟、气派以及整体性艺术规划的方法迎合了集权国家和统治者的心愿,并逐渐演变成后来的城市美化运动,如美国城市美化运动、殖民地城市美化运动、欧美独裁者城市美化运动、中国城市美化运动。

人们对这一时期的城市整体艺术规划的批评多、赞扬少,批评者称这种以古典主义美学原则设计的城市和用精英艺术堆砌的城市与现实生活存在脱节,无处不体现着王权至上的唯理主义思想。艺术越来越脱离市民大众而成为一种阳春白雪式的"精英文化"。

芒福德(Lewis Mumford)对此进行了批评:这种流行风尚的背后是巴洛克规划师对绝对权力虚摆架势的迷信。城市被权贵们作为表达他们宏大政治意图、炫耀财富和夸赞功绩的艺术品。而赞扬者主要是赞扬其城市的艺术理想,城市美化运动者们强调雕塑、景观、建筑在构建空间的整合,以此促进社会的进步,传播最高价值观等观点是完全正确的。米歇尔(Michael J.)通过比较洛杉矶、华盛顿以及巴黎等城市,提出"洛杉矶怎样能成为一个理想的城市,不只是规模大而且要漂亮⋯⋯如同首府一样宽敞气派⋯⋯如同巴黎一样有漂亮的街道,把居民从家里吸引出来"。批评的声音主要指向资本和权力作用下的城市艺术规划逐渐脱离了现实生活。然而时至今日,这种绝对的权力已经逐步瓦解,但艺术的崇高理想以及整体性的艺术规划思想对如今快速城市化过程中的中国城市而言,仍然具有重要的意义。

2.2.2 中期城市规划与公共艺术的分离

1. 现代城市规划与艺术的分离

欧洲先后经历的两次工业革命和科技革命把人类带入了 20 世纪,生产力的发展带来了经济的空前繁荣,城市人口规模急剧增长,城市建设达到了史无前例的高度。同时,城市建设包含的内容和问题日渐复杂。用艺术的方法设计建筑和城市已满足不了城市发展需求,科学理性和功能主义等现代主义思想成为主流,使得建筑、城市规划从艺术中分离。由于实践的分离、城市艺术理想的丧失、机械理性的过度张扬造成了新的人文社会危机和精神危机,现代意义上的公共艺术的概念在此背景下产生。

从普法战争到第一次世界大战前,欧洲进入了长达半个世纪的和平阶段。长时间的和平发展,使欧洲工业革命进入顶峰状态,而与此相适应的城市发展也达到了史无前例的高度。英国皇家艺术学院建筑学院的成立标志着建筑和城市规划成为了一个独立的学科。

随着民主政治、社会改良、人权、科学等思想的普及,加上城市卫生、交通、安全等新的城市问题的出现,城市规划已逐渐成为一个独立的实践领域。1903 年霍华德在伦敦建立了第一座田园城市莱切沃斯(Letchworth),它是现代城市规划学科产生的里程碑。现代主义城市规划已逐步形成其固有工作领域和工作内容,具体包括城市土地与空间资源,城市结构,城市形态,产业布局到居住模式、交通组织等工作内容,艺术的价值和精神的追求已退居次要的位置。

对科学理性和机器的崇拜愈演愈烈,直接导致了现代主义机械理性的张扬。柯布西耶的昌迪加尔行政中心规划和巴西利亚(Brasilia)规划,虽然鼓吹的是一种大众的艺术——"新艺术"观念,但其结果对于机械理性和功能主义的张扬,都带有明显与之相悖的"专制"与"独裁"的规划哲学(见图2-4)。此时的城市规划被貌似高尚、理性的观念所遮蔽,城市规划和艺术逐渐走向分离。英国艺术委员会在对城市规划的简要回顾中写到:在19世纪和20世纪,英国的城市规划和艺术分离开来。早期将城市作为艺术品和一系列美学体验的观念遗失了。城市被看作一个功能单元,对效率和经济的强调胜过了城市居民的生活质量或者文化渴望。例如,《雅典宪章》中的功能城市以及具有明确功能边界的城市空间布局,其美学意义在一定程度上让位于经济的发展和宏伟的社会目标,城市的艺术理想和艺术的生活价值被科学理性所遮蔽。

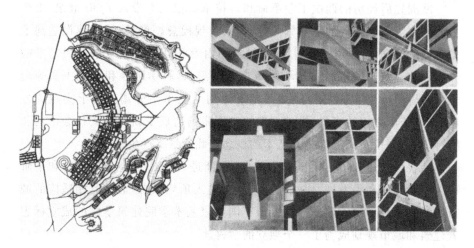

图 2-4　巴西利亚规划设计

2. 现代公共艺术空间概念的形成

20世纪初,西方世界经历了一系列的艺术改革运动,从思想方法、表现形式、创作手段、表达媒介等方面,都对人类自古典文明以来不断发展完善的传统艺术进行全面的、革命性的、彻底的改革,完全改变了视觉艺术的基本内容和形式。随着各种艺术观念的确立以及建筑、城市规划以及艺术的分离,公共艺术的空间概念逐渐确立。

20世纪前后,为了适应城市的快速发展,满足工业生产和住房需求,强调机械生产装配以及效率的现代主义建筑成为主流。与传统的建筑、雕塑、壁画等作为一个整体的艺术实践不同,工业生产的建筑物使得不同艺术形式难以整合。例如,从 1851 年英国的水晶宫建筑(见图 2-5)可以看出,玻璃和钢结构的建筑中怎么能镶嵌壁画与雕塑,艺术逐渐从建筑中独立出来。与此同时,艺术上的个人主义已经发展到高潮,艺术家对艺术的空间性探索使得公共艺术的空间属性逐渐确立。如 1898 年罗丹(Auguste Rodin)的雕塑《巴尔扎克像》(见图 2-6(a))首先将雕像的躯体独立于空间领域中,使得公共艺术的空间场所得以展开,公共艺术的公共特性得到关注。1938 年康斯坦丁·布朗库西的《无尽之柱》(见图 2-6(b))标志着艺术在公共空间领域正式确立。

图 2-5　1851 年伦敦水晶宫内景

3. 现代城市公共艺术概念的产生

现代主义城市规划和建筑使得城市丧失艺术的精神价值,为弥补裂痕,20 世纪 30 年代公共艺术空间概念的独立与西方的福利思想合流。各国政府通过推出一系列公共政策和法律来促进公共艺术的发展,现代公共艺术的概念在西方国家产生,如罗斯福政府时期(1935 年)推行的公共艺术赞助方案,德国魏玛共和时期(1933 年)共和国宪法明确规定了政府“培植艺术”的法案。一方面通过政府投资大量的公共艺术工程,用艺术来唤起民众的信心,恢复城市的荣光,一方面为大萧条期间失业的艺术家提供稳定的就业保障。这种自上

(a)《巴尔扎克像》　　　　　　　　　　(b)《无尽之柱》

图 2-6　《巴尔扎克像》与《无尽之柱》

而下的艺术福利政策关注的视角已不仅仅是空间的美化与装饰,而是转向艺术家的保障、艺术作为社会福利以及城市公共空间建设的方方面面。此时公共艺术与城市规划已逐渐分成两个独立的领域。

2.2.3　近代城市公共艺术与城市规划的融合

1.融合的背景

西方学者通常认为 20 世纪 60 年代新产业革命的来临标志着工业化国家进入后工业化时代,并将不同于工业化时代的社会称为"后现代社会"。其具体表现为在经济方面,随着经济全球化的深入,城市间的竞争加剧,传统的制造业转移,以艺术、设计、创意为主导的新兴产业成为新的经济增长引擎。从社会形态来看,20 世纪 60 年代末,壮大的中产阶级已占据经济主导地位,他们的生活形态、意识形态与传统工业社会的"非人性"的冷漠特征产生了极大的抵触。各种民权运动爆发,社会公平、社会隔离等问题加剧,20 世纪 70 年代,社会公正的命题被提出,导致了城市规划中"公众参与"思想的蓬勃兴起。在城市发展方面,进入 80 年代,西方国家大规模的城市建设已经结束,富人的郊区化导致了内城的衰败,为实现城市可持续的增长和城市的复兴,以及修复大工业生产导致的人文危机,各个城市都提出相应的城市公共艺术政策,提倡以人为本的规划,为市民提供良好的艺术环境,增加城市文化的多样性和人情味。通过修建大型公共艺术设施和举办公共艺术活动来突显自己的城市特色,实现城市的复兴。在此影响下城市公共艺术与城市规划逐渐转向对日常生活的关注,并在公众参与、城市更新、城市设计、历史遗产保护、社区复兴等实践中走向融合。

2. 价值追求的融合

现代主义的机械理性造成了艺术和生活的割裂,也造成了城市规划艺术性和生活本质被机械理性所遮蔽,在后现代主义的影响下城市公共艺术与城市规划逐渐实现了价值追求的融合。

艺术方面,在现代艺术反叛传统的过程中,城市公共艺术的空间属性得以确立。但精英本质,脱离生活现实,成为少数艺术家、评论家、博物馆的艺术,逐渐受到批判和质疑。

后现代艺术率先觉醒,1917 年艺术家杜尚将现成品小便池取名《泉》(见图 2-7),并搬上艺术馆的展台,提出一切物品都可以成为艺术品的反艺术的观点,开启了后现代艺术的话匣子;到 20 世纪 50 年代,安迪沃霍尔的作品中常使用丝印、摄影等非传统的艺术手段,将各种日常生活中常见的商品、明星的头像、罐头盒子甚至自己都作为艺术品(见图 2-8)。这些艺术观念的出现,彻底地模糊了纯艺术与商业艺术、高雅艺术与实用艺术的边界。20 世纪60 年代兴盛的波普艺术、新现实主义、装置艺术、事件艺术、概念艺术等,无一不是"反绘画"的艺术,无一不渗透了日常生活的元素。城市公共艺术的表现形式由原来单一的壁画、纪念碑、伟人塑像逐渐扩展到所有的艺术门类和艺术表现形式。

在城市规划方面,现代主义城市规划以机器美学为特征的工业城市发展方向开始受到怀疑与批评,人们谴责其"单调冷漠""功能至上""艺术虚无"。在 20 世纪初的城市美化运动的影响下,1959 年荷兰规划界产生了整体主义(holism)和整体设计(holistic design)的思想,提出要把城市作为一个

图 2-7　杜尚的《泉》　　　　　　　　　图 2-8　坎贝尔汤罐头

整体环境,全面地分析人类的生活环境问题。20 世纪 70 年代系统规划思想产生,强调城市中不同的部分相互依存、相互连接,城市规划的实质就是对系统的分析和控制,并强调规划是一个系统的过程,而不是终极蓝图的描绘。随之产生的交往式规划、辩护式规划、参与式规划都表明公众参与逐渐成为规划的主要内容。20 世纪 20 年代的现代建筑运动和历史虚无主义思想也助长了对历史环境的破坏。"二战"后,经济上的富足使得人们逐渐开始追求生活环境和生活品质,人们意识到历史文化对本民族文化延续的重要性。于是在这些后现代思想的影响下,又推动了城市公共艺术与城市规划在工作领域的重新融合。

3. 工作领域的融合

首先,相关政策和法律的出台,为城市公共艺术规划和城市规划实践的融合夯实了基础。1950 年费城最先推行《费城公共艺术条例》,后来发展成普及欧美的《百分比艺术法案》,即将城市建设资金的 1‰～3‰用于城市公共艺术建设,为西方城市公共艺术的发展提供了长期有效的资金来源与法律保障。1964 年《国际古迹保护与修复宪章》(《威尼斯宪章》)系统而明确地提出保护文化古迹的概念、原则和方法。宪章将"历史纪念物"和"艺术作品"的保护包括其中,大量的城市公共艺术历史遗存受到保护。20 世纪 60 年代,纽约 SOHO 艺术区的复兴堪称城市更新典范,随后"大社会"(Great Society)的工作于 1964 年展开,1965 年美国住房和城市发展部(Department of Housing and Urban Development)正式成立,1966 年通过模范城市法案(the Model Cities Act),各种不同的地方性的城市区划法令颁布,为城市规划领域的城市公共艺术发展提供了特殊的政策支持。

艺术家的视角和艺术实践也逐步转向于通过一系列社会活动以及艺术创作来关注城市和社会的发展,例如,1961 年纽约艺术家联盟抗议下城修建高速公路以及争取合法使用权的运动,通过组织一系列抗议活动,最终促使政府放弃高速公路的修建计划,使得苏荷区得以保存并发展成为今天世界知名的艺术中心。1979 年,罗伯特·莫里斯(Robert Morris)在位于华盛顿州的国王郡实施了"土地重整雕塑"计划,即通过艺术的方式实现工业废弃地再利用的目的,使其成为艺术委员会赞助的第一个和土地重整有关的艺术作品。1982 年,第七届卡塞尔文献展参展作品《给卡塞尔的 7000 棵橡树》提出"城市绿化代替城市管理"的口号,博伊斯在志愿者的参与和帮助下用几年的时间在卡塞尔种植了 7000 棵橡树(见图 2-9)。这部作品被看作是以一种艺术方式对当下城市化的一次大规模的生态调节,其目的在于持续改善城市生活空间,以实现"社会雕塑"的艺术理念。这些艺术实践都表明艺术实践领域已逐步转向城市社会。

大量资金的注入和公共艺术实践范围的扩展还促进了不同层次、不同部门间的融合。联邦政府专门设立了国家艺术基金(National Endowment for the Arts)以及国家公共艺术委员会(National Public Art Commission),专事推动公共艺术在内的视觉艺术和其他艺术的发展建设,审理和奖励联邦政府赞许的公共艺术项目,以及有创造力的艺术家、团体和艺术理论的出版项目等。各州陆续在下一级政府机构如文化管理部门(Department of Cultural Affairs)设立城市公共艺术委员会(Public Art Commission)。人员一般由规划机构、公共工程机构、文化事务机构的代表和艺术界的代表组构而成,主持和推动本地区公共艺术的相关事务,包括组建管理团队、遴选艺术家、项目审批、管理公共资金的使用等(见图 2-10)。局部地段的公共

图 2-9　博伊斯《给卡塞尔的 7000 棵橡树》

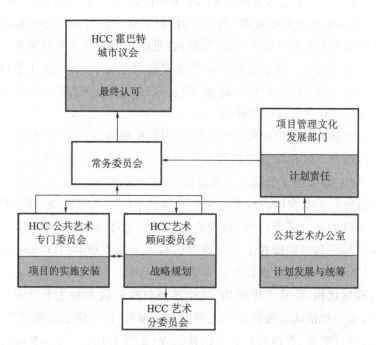

图 2-10　城市公共艺术规划的部门责任及决策

艺术成立个案顾问委员会,该委员会委员由建筑师、艺术家、相关社区代表构成,再由他们来挑选创作的艺术家和处理具体事项。城市公共艺术相关法律政策的完善、实践范围的拓展、城市规划与公共艺术相关实践的融合、管理体系的逐步健全等,都为当代城市公共艺术规划的产生奠定了坚实的基础。

2.3 实践先行的美国当代城市公共艺术规划

20 世纪 90 年代以来,随着对城市公共艺术发展的重视,城市公共艺术规划在西方国家得到应用和普及。作为一种强调集体参与协商的规划过程,各个城市都会尽可能完善地将规划的信息和过程在互联网上公布,这为本书收集相关实践案例提供了帮助。从实践来看,实践范围主要集中在美国、加拿大、英国、澳大利亚。

相比其他西方国家,美国城市公共艺术规划已逐步形成了以区划法为核心,以城市公共艺术规划与城市公共艺术评审为主体,以空间远景规划和协商参与行动为主要内容的务实性的规划框架,从城市战略的高度为城市公共艺术空间发展提供远景规划,并为公共部门和私人开发提供协商合作的行动框架。

2.3.1 区划的权威与变通

20 世纪 70 年代,区划法自由裁量权的下放和激励性区划进一步为城市公共艺术的发展提供了条件,并在法律上明确了城市公共艺术的建设的管理主体以及其参与城市建设过程中对城市公共艺术管理和决策的权利,使得城市公共艺术委员会与城市规划委员会实现了实践上的融合。自从 1916 年纽约区划法案诞生以来,美国已确立了以区划法为核心的城市规划体系,作为土地开发控制的基本手段,对城市开发用地的每一个区块的可能性与存在的不可能性,如用途、规模、建筑高度、建筑密度、标志、公共设施、采光都做了明确的要求,以控制城市的开发建设行为。

这样做的优势在于强调客观性和维护平等公正,降低了政府行政成本,杜绝建设过程中的腐败。但是由于基本没有自由裁量的空间，也带来了管理的僵化，从而导致城市空间雷同、城市艺术性丧失。

虽然区划法的法律地位具有绝对的权威性，但是由于各地方政府和州政府都拥有一定的地方自治权，"区划在 40 000 个地方政府得到执行……由于所在的 50 个州都拥有自治权，每个州的文化、历史和宪法都会有所不同"。每个州政府和城市政府都十分珍惜自己的自治权，会根据自身的需要对区划给予一定的补充和变革，这样在区划的制定和实施方面具有一定的灵活性。例如，引入激励性区划的措施，通过容积率的奖励等鼓励公共空间和城市公共艺术的建设。如"每建造 1 平方英尺的建筑面积用于公共艺术，将奖励 2.5 到 10 平方英尺的建筑总面积，具体标准依据公共艺术的情况"；或将自由裁量权引入区划中，甚至下放到专业的管理机构，如"城市公共艺术项目的开发以及涉及的地块开发中的公共艺术的内容，必须有艺术委员会的裁定"。

2.3.2 区划中的城市公共艺术规划

由于传统区划体系在城市公共艺术方面存在缺失，以及自由裁量权的下放，城市公共艺术规划也以规划审查的形式补充进区划当中。如 2010 年费城新区划法中对艺术委员会的权利和义务、公共艺术元素、具备发展条件的地点、优先发展的区域等做了详细的规定。其目的是有效地控制城市的公共艺术发展，以弥补区划的不足。城市公共艺术规划控制的内容主要是难以用数字量化的内容，包括使用的公共艺术的风格形式、公共艺术的概念内涵、艺术的公共性价值、场所的意义等，多采取公共艺术评审（public art review）及提供公共艺术规划指引（public art guideline）的方式，试图保障城市公共艺术的公共性价值以及艺术、美学水准，提升空间的识别度，避免出现平庸的城市公共空间。

公共艺术评审作为区划评审的一个重要组成部分，对那些开发中涉及公共艺术内容的地块，引入公共艺术评审，将许多不可量化的艺术因素导入法定规划体系中。作为城市公共艺术规划控制的主要手段，公共艺术评审已导入区划执行的法定程序中，成为项目开发必要的审查程序。项目评审委员会通常由城市规划、公共艺术、建筑和城市设计等领域的专家组成,在项目评审过程中评审机构拥有一定的自由裁量权,对城市公共艺术项目给予一定的主观评判。区划法作为公共艺术评审的法律平台,通常会赋予城市公共艺术委员会或相关主管部门以决策权。

公共艺术规划指引是公共艺术项目评审的主要标准,一方面给予城市项目相关开发人员在公共艺术方面提供有力的指导,另一方面也为市民了解项目开发过程提供参考,为解读公共艺术的内涵、判断公共艺术作品的优劣提供评判的标准。在众多城市的公共艺术评审过程中,公共艺术规划指引主要是规定城市公共艺术发展的目标与原则,并且规定设计评审的程序、组成人员等相关规范,对于规范公共艺术的内容和内涵,实现城市公共艺术的整体价值和目标,指导城市公共艺术的实施都具有重要的意义。此外,公共艺术规划指引还是项目开发者、政府、艺术家、市民共同协商讨论的平台,相关的内容和关注的焦点会依据规划的范围以及规划的目的有所不同。如临时性的户外公共艺术指引(temporary public outdoor art guidelines)、公园和开敞空间公共艺术指引(public art guidelines for parks and open spaces)、全市性的公共艺术指引(public art guidelines-city of portland)、公共艺术政策指引(public art policy guidelines)。其类别一般包括全市范围的、专门历史保护区的、城市开敞空间的、绿色走廊的公共艺术指引等。

例如,波特兰就针对本市的公共艺术条例拟定指引,其中对公共艺术委员会的指导原则、审查艺术品的标准和建议、艺术家选择指南、项目文件要求以及项目记录、社区艺术品的准则、维护策略都做了补充和规定。

2.3.3 空间远景与规划行动相结合的工作框架

由于城市公共艺术规划是近十年来产生的一种新的实践形式,现有的研究中并未发现系统的研究理论、概念以及模式,主要体现为不同的城市会根据自身公共艺术发展需要发展出相应的务实的规划实践,这与美国的地方自制政体以及区划自由裁量权的下放有较大关系。因而导致不同城市的公共艺术规划的体系和方法存在较大差异,但总体来看规划的框架以及内容主要表现在空间和行动两个方面。

（1）空间远景规划：回顾公共艺术发展的历史，从早先的艺术家设计城市到城市整体性艺术规划，城市的艺术理想和艺术抱负始终贯穿于城市的发展之中。这种对城市公共艺术发展的未来形态的整体表达，称为城市公共艺术远景。如西雅图诺斯盖特公共艺术规划（Northgate Public Art Planning）开篇便旗帜鲜明地提出城市的空间远景是改善诺斯盖特的形象，为区域塑造一个成功的、引人入胜的城市公共空间，建设优质的城市基础设施。我们设想一个城市，使市民和游客遇到公共艺术作品能够产生惊喜；城市具有非凡的多样性，公共艺术作品可以反映我们的社会和历史，同样还能指出对未来城市的愿望；城市能够为艺术家留下永久的标记，定义我们的社会身份，揭示城市和乡村的独特个性。以上目标作为城市公共艺术发展的共识，是所有市民、政府、开发商对城市公共艺术战略的理解和概括。

在此基础上，西雅图政府针对诺斯盖特地区展开了一系列的城市公共艺术研究和实践，如诺斯盖特的道路项目、河道项目、公园设施、地下工程计划、公共交通项目、社区发展项目等。

（2）行动规划：美国城市公共艺术规划除了空间远景的整体谋划以外，还包括公共部门、团体机构、私人开发商等多部门、多主体的行动框架，其中包含规划执行的时间步骤、确认相关的部门和机构、资金的筹措和分配、合作的方式及各自的权责，作为一个清晰的行动规划的框架和多方合作的纲领，来指导各个主体参与到城市公共艺术的建设中来。

2.4　西方城市公共艺术规划的启示

城市公共艺术关注的是城市整体艺术资源和艺术空间的发展，公共性是城市公共艺术存在的基础，决定了规划必须以人为中心展开，包括关注人的艺术需求、艺术家群体以及公众文化权利的实现等。艺术并非单一的艺术门类或艺术表现形式，而是指一个广泛的艺术领域，包括艺术品、艺术家、艺术空间等。规划是具有未来导向性以及实现其目标的行动过程，通过规划这一过程实现城市公共艺术的整体发展。

从发展历程来看，艺术生活的目标为城市公共艺术规划与城市规划共同的发展提供了动力，而二者共同的需求又促进了实践的融合。对城市艺术生活的追求以及城市的整体发展是二者始终不渝的目标。发展的过程中几经融合与分离，在平行与相互渗透的关系中前进，相互支撑并逐步融合。由最初的艺术政策到今天的城市公共艺术规划，规划的目标逐渐由单一的经济目标转向综合性价值和城市整体发展。关注的焦点也由艺术美学转变为关注规划过程质量，并由理性科学占主导的规划思想转向于关注城市的艺术生活价值。

今天，越来越多的城市开始编制城市公共艺术规划，这些都将为我国城市公共艺术规划框架的构建奠定丰富的实践基础。各城市的官方规划文件中都引入了城市公共艺术的内容。在历史文化遗产保护、城市设计、文化规划中都将城市公共艺术作为实践重要的组成部分。以美国为代表的西方国家，已经形成了以区划为主体的城市公共艺术规划体系，实践中通过公共艺术项目评审和公共艺术规划指引，指导城市公共艺术项目建设。并形成了空间远景规划与倡导多方合作的行动规划相结合的科学的规划框架。

由此可见，城市公共艺术规划以城市公共艺术为工作对象，关注的重点是城市公共艺术整体功能与结构的运转，有其固有工作领域，但其艺术性和公共性最终还是要落实到城市物质空间中去。相比西方，我国的城市公共艺术规划尚未成型，而是以各种零散的实践形式存在于城市规划中。同时，由于我国处于社会主义市场经济的初级阶段，民主化的进程落后于西方，第三方机构和社会艺术团体尚未发育成熟，对城市公共艺术空间的开发尚不具备影响力。再有，处于快速城市化和城市转型背景下的城市公共艺术规划必须与城市的经济目标以及发展目标相一致。针对以上现实问题，长期以来城市规划因为具有城市土地和空间资源的调配职能，在我国市场经济发展中扮演了重要的角色，将为城市公共艺术物质空间的落实和艺术资源的调控起到"抓手"作用。只有结合中国的具体实际，结合城市规划中引入城市公共艺术规划的理论和现实需求，整合城市规划中与公共艺术相关的内容，将其植入城市规划内部，才能实现构建完整的城市公共艺术规划工作框架的目标。

3 城市规划中的城市公共艺术规划

3.1 城市规划中引入城市公共
艺术规划的理论逻辑

3.1.1 城市规划的艺术属性

城市规划的历史可以追溯到两千年前,它作为一种有意识的实践行为在漫长的历史过程中一直存在于艺术之中,与艺术呈现出同一的特性。20世纪初,霍华德的"田园城市"标志着现代城市规划的概念得以确立。经过半个多世纪的充实和完善,城市规划才逐渐确立其在学术和实践领域中的地位。在西方,"城市规划是什么"的问题一直是规划界讨论的焦点。自现代城市规划的概念诞生以来,城市规划一直被定义为对人类聚居地的物质空间环境的规划设计活动,以此区别于一般性的艺术活动,就工作的领域、对象而言,与艺术家的创作有所不同,它关注的是城市物质空间环境。

1. 城市规划的定义

经过上百年的发展,人们逐步形成了对现代城市规划基本属性的规范性认识,在号称西方规划专业圣经的《城乡规划原理与实践》中,城市规划的定义是:"城市规划可以描述为一种科学和艺术,它能够提供土地的利用形式以及建筑的位置和特点。"美国国家资源委员会曾将城市规划定义为一种科学、一种艺术、一种政策活动,它设计并指导空间和谐发展,以满足社会与经济的需要。在我国,《城市规划基本术语标准》中将城市规划定义为"对一定时期内城市的经济和社会发展、土地利用、空间布局以及各项建设的综合部署、具体安排和实施管理"。上述定义中都明确了城市规划具有艺术的基本属性,并且提出规划工作的对象和职能是安排和组织城市建筑、土地以及城市空间等城市物质空间环境。

虽然城市规划被定义为一种艺术,但城市规划的实践形态和艺术家的实践形态已大相径庭。如果简单地将物质空间形态的安排理解为艺术属性的全部,这是片面的。首先,城市规划的属性会随着时代的变迁而发生变化,其对艺术的理解也会有所不同;其次,城市规划的艺术属性包含多重含义,既包括城市规划对艺术价值的追求,也有规划中用到的艺术方法以及艺术原理,还有城市规划对象中涉及的艺术实践领域。为全面地了解城市规划的艺术属性,及在城市公共艺术规划与城市规划之间建立起内在的价值联系,我们需要对不同时期的艺术属性进行梳理,回归城市规划的本源,从源头去寻找城市规划作为人类实践行为的真实状态及发展的脉络。

2. 不同时期城市规划艺术性的体现

在现代城市规划诞生以前,这些活动都是存在于艺术之中的。在艺术追求方面表现出一致性,从早先自发的祭祀活动、仪式中无意识的艺术活动和艺术空间营造,到中世纪宗教生活秩序的建立与城市空间有序化的艺术组织,再到君权时期用艺术体现君主荣耀和君权至上,都体现了不同时代艺术精神理想与规划实践行为的高度统一。从东西方城市的精神价值来看,无论是东方城市"天人合一"的意境表达,还是西方城市理性和秩序的张扬,都反映了城市的人文精神价值;从实践内容来看,无论是绘画、雕塑、广场、建筑物,还是城市整体空间,都是艺术家实践的一部分。以上这些都来源于生活或对真实生活的描述,都是艺术家们从日常生产生活中的礼制以及宗教信仰中感悟和总结的艺术和美学的规律与法则。由此,艺术的精神理想、价值追求、方法与实践过程的统一构建了一个完整的艺术生活的世界。

近代科学技术和经济的发展使得西方城市进入快速城市化阶段,城市问题日渐复杂,城市规划逐渐成为一个独立的实践领域。从其产生的思想背景来看,这一现象的产生和近代艺术思想的变革是密不可分的。一方面,18世纪"美的艺术"(beaux-arts)的概念和19世纪"为艺术而艺术"的思想的形成,使得高雅艺术和实用艺术分离;另一方面,反对的声音仍然存在,早期社会主义运动的代表人物,如圣西门、傅里叶,都曾经表达过反对将艺术与生活的其他部分分隔开来的做法,强调艺术为建立理想社会服务的观点。前者导致了现代艺术的产生,后者奠定了现代城市规划实践的艺术基础。

从现代艺术的发展来看,"唯美主义艺术"和"艺术自律"的思想使得艺术逐渐摆脱了宗教和君权的束缚,更加关注人性的表达、人的真实感受以及人的思想作用,大大地拓展了艺术的表现形式,丰富了艺术的内容,使得艺术得到空前的发展。同时,近代城市规划提倡扩展艺术的社会功能,艺术实践的范围扩大,艺术的作用被放大。例如,奥姆斯特德(Frederick Law Olmsted)的美学理论包含两个方面:一是艺术必须有社会功用;二是美学和实用是艺术作品的两个组成部分。1901年的"城市美化运动",其目的正是恢复城市中失去的视觉,倡导和谐之美是创造一个和睦社会的先决条件。

但是思想上的分裂使得原本一致的艺术实践逐渐与真实的价值走向背离。如19世纪"为艺术而艺术"的艺术观使得艺术与日常生活分离,出现一个独立于日常生活之外的艺术世界,艺术作品变得晦涩难懂而成为博物馆和少数艺术家、评论家的艺术。现代主义艺术不再像传统艺术那样是面对一切人的,而只是面向具有特殊知识或天赋的少数精英,艺术的社会功能和社会基础逐渐丧失。同时新兴的艺术家、规划师们极力与艺术划清界限,正如新建筑运动所倡导的"简洁的美学形式而不是纯艺术的目的",柯布西耶对此的观点是"艺术不是一种大众的东西……艺术不是一种基本的精神食粮……艺术最具傲慢的本质",从而提倡"艺术的法则是科学的""机械美学"的新艺术观。城市规划的艺术性逐渐被功能性所取代,对科学理性的崇拜使得城市规划对技术理性的迷恋胜过一切,如20世纪初戛涅(Tony Garnier)的"工业城市"(Industrial City)、马塔(Arturo Soria Y Mata)的"带形城市"(Linear City)、柯布西耶(Le Corbusier)的"光明城市"(Radiant City)等,无不例外的都是在工业化背景下以经济为主导的城市开发模式,把生活的艺术用一种机械美学替代,把建筑变成了"居住的机器"。艺术成为少数精英分子炫耀的资本,城市成为资本和权力竞逐的竞技场,艺术精神理想被经济和物质的膨胀所取代,自然的生活被机械理性所规训,人类几千年来形成的城市生活状态被彻底打破。如潘诺夫斯基指责说:"古典的和文艺复兴的文明具有一种把审美态度运用于本来是实用作品的倾向,我们则具有一种把技术态度用于(本来)是艺术创造的倾向。"霍华德在20世纪末的一段话,今天还可以回味,"城市规划作为一项与思想和计划相关的活动,是一件被遗忘了的艺术,至少在我们国家是这样的。这里并不仅仅需要重新恢复其生命,而是要将此提升到至今为止所梦寐以求的、更崇高的理想境界"。雅各布斯尖锐批评现代主义规划方案制造出来的空洞"标本","用对待艺术品的方法来对待一个城市或街区,似乎后者就是一个扩大了的建筑,似乎只要按照严格的法则把它变成艺术品,就能造就一个像模像样的城市或街区,这种做法其实是犯了一个试图用艺术取代生活的错误"。

20世纪60年代以后,随着全球化时代的来临,后工业、后现代等成为城市发展的新问题和主旋律。城市规划和艺术的背离使得现代主义城市和艺术脱离现实生活。以经济和功能为出发点的城市发展开始受到质疑与批评,人们谴责其"单调冷漠""功能至上"以及"生活的虚无"。面对资本主义社会的严峻现实,破除工具理性压制的有效手段就是艺术,因为艺术是关乎精神的,是感性的张扬,是乌托邦,是一种世俗的"救赎"。人类主体意识的不断觉醒和当代哲学对人类及生活本质探索的不断深入,促使人们逐渐关注"艺术的解放力量",列斐伏尔旗帜鲜明地提出"让日常生活变成一件艺术作品"的口号,城市规划逐渐回归其艺术的本源。

新的艺术思想推动了城市规划实践的变革。首先,城市是一种集体的人工创造物,是艺术文化的集体产物,它与公众艺术作品相同,都诞生于"集体的无意识生命"(collective unconsciousness life)中。这种集体无意识的创作,在建筑中表达出居民的多重愿望。城市规划作为一种传统艺术形式,仍然要处理城市空间的美感问题。例如,20世纪60年代的现代城市设计,在很大程度上履行了城市规划的艺术性职能。

其次,城市规划作为一个规划过程,艺术性用于协调城市社会经济发展中微妙的部门利益。规划师的工作具有沟通性的特点，同时在组织和结构层次方面也是具有历史性、政治性和经济性的。福斯特（Forster）在研究中对规划工作的描述使用了"drama"（戏剧、戏剧艺术）一词。诚然，在当今复杂多变的社会环境中开展规划工作，对规划师而言，不仅需要具备专业知识，更需要具备处理问题的"职业艺术"能力。

最后，在全球化背景下城市文化竞争加剧，艺术和文化作为城市复兴新的工具以及艺术对于城市经济发展的先导作用逐渐显现。一方面，后现代艺术将纯艺术与实用艺术的边界打破，艺术与经济的联系加强，如西方国家正凭借动漫艺术、媒体艺术、设计艺术等占据产业链的上游；另一方面，作为一个专门的实践领域和新兴产业，对传统的城市空间和生活方式都将产生新的影响，城市公共艺术规划在此背景下产生，以作为城市规划的延伸和在城市艺术领域的拓展。

综上所述，城市规划的艺术性已不再是狭隘的城市空间形态和美学的问题。城市规划以艺术为起点，从艺术中产生，以艺术为手段贯穿于规划的过程，导向艺术生活的理想目标。作为建设人类理想家园的实践形式，艺术的追求始终是城市发展的核心动力之一，贯穿于城市规划之中。从发展的经历来看，虽然呈现出"之"字形的发展态势，但每次的否定与扬弃都标志着一种全新的城市艺术观的开始。从当下城市规划的艺术性来看：首先，城市规划的艺术生活理想将为城市公共艺术规划与城市规划的结合提供价值基础；其次，艺术的内容已构成一个独立的实践领域，作为城市规划的重要组成部分从而关系到城市的整体发展，为城市公共艺术规划提出了新的需求；最后，从发展的历程来看，西方城市规划的艺术性逐渐从以前的艺术蓝图式的规划转向规划过程的艺术性，由少数精英的艺术转向于日常生活的艺术，这些都为我国城市公共艺术规划的发展指明了方向。

3.1.2 城市公共艺术规划的城市背景

城市公共艺术作为城市发展中不可或缺的重要组成部分，与城市形成局部与整体的关系。从系统论的观点来看，城市公共艺术作为城市大系统中的子系统,二者之间形成一种包含且对立统一的关系,表现出互塑共生的密切关系。城市对于城市公共艺术的作用表现为两种相反的作用:一方面,城市为城市公共艺术的发展和生存提供必要的外部条件和资源,如城市空间、土地、政策、资金等;另一方面,城市也会对城市公共艺术的发展产生消极的作用,例如城市具体用地和实用功能的限制,经济发展政策等会对城市公共艺术的艺术实践造成限制和干扰。同样城市公共艺术对城市也具有两种相反的作用:一方面,满足于城市功能的需要,丰富城市的文化需求和内涵,改善城市的文化形象;另一方面,由于具有公共的属性,过度的开发也会造成城市公共艺术资源的浪费和视觉形象的泛滥,形成不正当竞争。城市公共艺术与城市发展的互动,是在与城市的其他元素相互吸引、排斥、竞争、摩擦中实现良好的共生协作。

1. 物质空间形态的表征

一直以来,物质空间形态都是城市规划研究的核心问题,对物质空间形态的传统研究主要包括城市内部各种空间类型及空间的组合关系、结构、形状、尺寸,以及空间形态的描述、构成要素、构成逻辑等。从研究的主体来看,主要针对的是一种静态的事实。而城市公共艺术的物质空间形态不但具有一般静态空间的可感知性,同时还具有空间形态的构想、符号的表征功能,更因为城市公共艺术具有真实的想象与"思维性图示"的作用而不同于一般物质空间形态,具有"第三空间"再现的空间形态特征,成为"会说话的空间"。因此城市公共艺术规划中这种"会说话的空间"的产生,是人与城市之间充分对话的实践。

城市公共艺术多位于城市公共空间中,是公共空间系统的重要组成部分,任何一种公共空间,因为自然、历史、社会等原因皆可能成为拥有特定意义的场所。特殊历史事件的发生地可能成为某一时期的历史走向标志,某项社会主张的诞生地因为一个特殊的历史环境而成为充满纪念性和象征性的人类文明场所,自然演化的某一个转折点形成特殊的自然景观。这些给观赏者带来特殊人生体验的空间,皆可能被定义为某种性质的城市公共艺术空间。不同于一般的城市要素,这些空间具有传达特定意义的功能。时间的流逝和空间的物象标志性特征让观赏者在这些空间的某处有了"驻足"的感觉。

公共艺术规划的本身是体现人对理想的城市和生存空间的无限向往，而非成就一个公共艺术作品自身的永恒，如同生物有自己的生命周期，它只是短暂的、直观体现的一部分，而不能代表全部。在历史更替的过程中，如何判断公共艺术品的存在价值与作为人类精神象征的空间符号的意义？如后现代主义精神，在接受现代主义的同时，也接受神话的事实。从宏观的角度来看，站在城市发展的立场上，公共艺术规划涵盖着公共利益与公共政策的政治企图。城市公共艺术规划便是通过介入公共空间对文化起到一种"干预"的作用，从而对公共空间的价值倾向进行定义。

2. 城市公共艺术的公共属性

城市公共艺术由于其公共物品的属性，越来越成为城市规划、建设、管理、研究关注的焦点，所以城市公共艺术品作为一种审美选择的特殊公共物品，需要对选择的过程进行专门的分析以设计出相应的规划对策。

1) 公共性

城市公共艺术公共性的概念，与私密性的艺术是相对应的，表现为事物本身属于公共资源的范畴，同时还包括在公共空间中为公众服务的非公共资源的艺术形式。

本书所涉及的"城市公共艺术"的概念，强调空间结构上位于城市公共空间中，面向广大公众开放，提供多样的艺术、社会和美学的功能，呈现出相对封闭和非封闭的状态，因此具有公共资源的属性。城市公共艺术规划作为一种分配空间资源的手段，直接决定资源分配的结果。

与一般的公共物品不同，城市公共艺术作为艺术，其公共使用性是以主观价值的认可和感受为依据的，这也是配置和选择的关键。规划就是要找出大多数人所认可和接受的样式，同时又要避免"大多数意见决定"公共艺术的品质，为其提供确凿的、标准化的评价和认证程序。

2) 非排他性和外部性

非排他性和外部性是公共经济学的两个重要指标。非排他性是相对于排他性而言的,排他性是指一个人使用某物品可以阻止其他人使用该物品。城市公共艺术的公有属性意味着个人从中受益并不能阻止其他人从中受益,因此具有非排他性。外部性指的是大部分的公共物品和共有资源都具有所谓的效益外溢的现象。当一种物品或者行为直接影响到他人,却没有给予支付或者得到补偿时,就出现了外部性,如果这种影响是不利的,称为负外部性,如果影响是有利的,称为正外部性。

首先,城市公共艺术的功能包含艺术、审美的功能,其竞争性表现出与一般公共物品不同的状态。作为纯公共物品的公共艺术主要以地方性供给为核心,从根本原则上看,总是与某城市、某区域相关,与某群体的趣味和审美认知的主观认知相关,而这种场所性的性质和审美形象都具有排他性。城市公共艺术规划的价值在于挖掘城市和区域自身的价值,保持文化的自觉。

其次,城市公共艺术的外部性具有明显的空间特征,即随着距离的增加,外部性减弱。以美术馆为例,如离美术馆越近的居民,越能获得直接的艺术资源和良好的艺术欣赏体验,良好的可达性使得使用的机会增多,正外部性效益增多。城市规划作为城市空间资源分配的手段,必须科学地配置城市公共艺术资源,使其正外部性效益最大化。

3)内在与外延的特质

城市公共艺术的公共性是其内在和外延特质相互关联的结果(见图3-1)。其中,内在特质是城市公共艺术公共性的基本特征和普遍属性,包括场所赋意、艺术美化、公众参与3个方面,是其内部效应的显著作用。表现为通过公众参与公共艺术建设,赋予城市空间独特的场所意义和实现艺术美化城市的功能。外延特质是城市公共艺术在特定的时空环境下,结合城市周边发展和城市的特性而产生的,凸显出各异的外在特质,从而达到提高城市文化特色、吸引游客、拉动经济、促进社会融合等外部公共效益。城市公共艺术规划以内在特质为基础,通过其外延特质直接参与城市或者所在区域的发展过程,二者相互影响,同步消长。

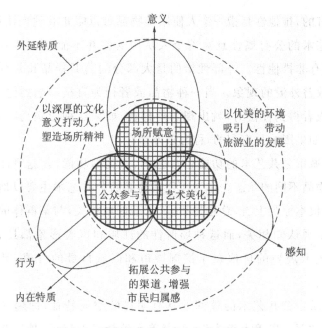

图 3-1　城市公共艺术内在与外延的特质

3.2　城市规划中引入城市公共艺术规划的实践需求

城市规划作为城市发展的技术工具,具有"技术理性"和"工具理性"的传统属性,对艺术性的关注有先天不足的缺陷。随着外部城市规划实践和理论中艺术生活本质的回归,后现代艺术将高雅艺术与大众艺术之间的界限打破,如全球化过程中创意经济的发展和"联合国创意城市"等的兴起,内部国家层面文化政策的改革,城市规划朝精细化方向发展,市民文化需求增加。内外部合力推动着城市规划变革,以顺应实践需要。

3.2.1　城市文化发展与规划价值观的回归

党的十一届三中全会奠定了以经济建设为中心,坚持四项基本原则,坚持以改革开放为核心内容的社会主义初级阶段的基本路线。城市规划作为一项政府职能,一方面承担着落实国家政策和相关经济社会发展指标等方面的作用;另一方面在完成经济目标、维护经济秩序、解决市场失效的同时,承担着引导和建设公共文化体系、维护公共利益、保障人人享有艺术文化生活等方面的职能。

我国的城市发展仍然具有计划经济的特点,具体体现为由国家提出总体发展战略,自上而下地引导、安排各城市的战略位置、发展时序及发展方向。并通过从中央到地方、从国民经济发展计划到城市总体规划的多层次规划来引导城市的空间发展。在以经济建设为中心的发展方针下,因为城市规划的方案涉及城市土地和空间资源,这一经济发展的关键要素使得城市规划的职责和理想受到空前挑战,其结果往往是文化让位于经济,公共文化利益让位于集团经济利益。

在中共中央十七届六中全会上提出的建设社会主义文化强国、文化兴国的战略,首次将文化发展提升到国家战略高度,并将发展社会主义文化事业与文化产业作为满足人民日益增长的文化需求以及推动经济发展,实现中华民族伟大复兴的基本国策。城市规划将重新审视其作为艺术的"价值取向",努力使自身发挥公共政策职能,成为公共艺术产品的提供者、公共艺术价值的捍卫者、公共艺术产业发展的推动者。

3.2.2　西方理论引介支撑实践升级

改革开放以来,随着我国城市化进程加快,城市建设水平提高,城市公共艺术规划实践逐步增加。实践如火如荼而研究远远落后于实践,我们不得不面对未来何处去的问题。中国城市公共艺术规划必须从众多学科中吸取营养,探寻西方城市规划、社会学、艺术学的理论足迹,从中寻找适合我国发展的方向和定位。

由于西方国家较早地进入市场化阶段,我国城市化过程中出现的城市文化丧失、艺术与经济发展、公共艺术公共性等方面的问题更早地发生于西方国家,西方国家相关的理论经验颇为丰富。从古典主义城市规划中将艺术美学的理论运用于城市设计,到近代城市规划和设计逐渐关注艺术的社会作用,再到 20 世纪 60 年代西方学者所倡导的关于规划过程的理论,合作式规划、交互式规划、倡导式规划的提出,提倡注重规划的公众参与过程、操作程序的科学性以及部门之间协作的艺术,最后到后现代的城市规划理论,如新马克思主义、新城市主义,它们开始对艺术与社会、艺术与经济、艺术与空间进行全面的分析,逐步向我们揭示了城市艺术形态的背景。

这些理论于 20 世纪 90 年代陆续引入我国规划界,虽然在城市规划和城市公共艺术理论界广泛引用,但由于自身发展阶段受限及理论与实践之间存在的天然隔阂,理论的吸收进展得较缓慢。无数实践表明,运用西方的理论必须和自身实际相结合,深刻剖析理论存在的土壤和产生的根源,改良理论,使之适合我国的实际国情。因此,西方相关学科的理论将成为构建我国城市公共艺术规划理论体系的重要支撑和推动力。

3.2.3　城市文化复兴背景下艺术问题的应对

城市作为文化的"保管者和积攒者",代表着文化发展的整体水平。然而在构成城市文化的诸多要素中,艺术作为文化前锋,是当代人个性发展和城市价值取向的风向标,成为最能体现城市文化价值取向和精神水平的核心要素。由于我国正经历快速城市化过程,用短短几十年的时间完成了西方国家上百年的发展,西方城市公共艺术规划上百年的问题都集中出现,体现为现代主义与后现代并存、前工业与后工业同时存在、全球化与地方化矛盾突出,具体如城市更新、空间隔离、社区融合、创意产业、公共参与、公共性、艺术性等。在城市规划过程中,由于城市规划方案对城市的艺术性和公共艺术问题考虑不足,在城市文化复兴的大背景下,应对城市文化艺术的发展较为消极。

例如,在城市公共艺术设施布局时,往往没有考虑公共性和社会性问题,结果导致周边地价上升,进入门槛抬高,而获取艺术的机会倾向于城市的高收入群体。再如,在城市更新、公共艺术区的规划过程中,往往没有考虑商业对艺术的侵入性,商业的介入使得租金成本提高,而摧毁原有的艺术生态。这些问题的产生是因为城市规划缺少宏观层面的统一考量,对城市公共艺术与经济社会、艺术家及相关群体的活动、需求特点缺少认识,规划方案只能片面地应对城市文化复兴的目标。

3.2.4　城市规划中公共艺术内容的缺失

　　虽然城市规划被认为是一种艺术,但是现有的规划编制和规划研究中几乎看不到艺术的身影,即使对城市文化有所涉及,也只是旁枝末节,缺少全面系统的认识。更有甚者,将艺术等同于装饰和美化,而忽略其社会价值、经济价值,或孤立地将其视为物质空间要素,仅从空间的量上加以描述,常常对艺术的使用者视而不见,使之成为没有人的因素的艺术和缺乏真实生活感受的艺术。将城市公共艺术放在城市层面进行整体性和多层次的考量的规划编制和规划研究更是少有。

　　例如,城市规划作为一项政府职能,承担着分配城市的土地空间资源的任务。城市公共艺术主要依托城市公共空间建设,与城市其他构成元素一样,城市公共艺术作为城市的重要组成部分,在具体的土地利用上呈现的公共艺术的种类和形态会有所不同,依据《城市用地分类与规划建设用地标准》(GB 50137—2011)可以总结出城市公共艺术与城市用地的关系(见表3-1)。

表 3-1　城市公共艺术与城市用地的关系

序号	城市用地性质类别			城市公共艺术种类
	大类	中类	小类	
1	R 居住用地	R1、R2、R3 分别指一、二、三类居住用地	R12、R22、R32 指服务设施用地	社区公共艺术
2	A 公共管理与公共服务设施用地	A2 文化设施用地	A21 图书展览设施用地	城市公共艺术设施
			A22 文化活动设施用地	
		A7 文物古迹用地	—	城市公共艺术遗产

续表

序号	城市用地性质类别			城市公共艺术种类
	大类	中类	小类	
3	B 商业服务业设施用地	B2 商业设施用地	B22 艺术传媒用地	城市公共艺术产业
		B3 娱乐康体设施用地	B31 娱乐用地	
4	G 绿地与广场用地	G1 公园绿地	—	城市开敞空间公共艺术
		G2 防护绿地	—	
		G3 广场用地	—	
5	S 道路与交通设施用地	S1 城市道路用地	—	城市交通公共艺术
		S2 城市轨道交通用地	—	
		S3 交通枢纽用地	—	
		S4 交通场站用地	S41 公共交通场站用地	

3.3 中国城市公共艺术规划的定位

城市规划的艺术背景和城市公共艺术的城市背景使二者重新结合成为可能,国家的转型和文化的发展为之提供了发展动力。城市规划艺术价值的回归、西方相关理论引介和实践的升级,为中国城市公共艺术规划的发展提供了参照。

在我国,城市规划通过土地和空间实现公共资源配置以及引导城市建设行为。城市公共艺术作为一种空间资源和公共资源,必须借助城市规划来实现城市公共艺术的整体发展,实现其公共性和艺术性价值。

回顾历史,当代公共艺术的理论范式的确立和对城市规划工具理性的批判几乎是同时存在的。因此,必须联系我国当前的发展现状,辩证地看待二者之间的矛盾。在今天,我们一方面享受着工具理性给我们带来的快速发展和繁荣,一方面又抱怨工具理性的种种不足,甚至批判工具理性。不可否认,只有在经济发展的前提下,才能重建日常生活的艺术,才能实现文化的复兴以及物质和精神的和谐发展,尤其在生产力水平不高、各个城市发展的阶段差异很大、科技理性还没有真正实现、盲目地套用西方的理论反对工具理性的当下。城市公共艺术并不能取代城市规划工具理性的诸多功能,但是将城市公共艺术规划引入到城市规划内部,可以改善和克服工具理性带来的负面作用,弥补工具理性造成的不足——文化丧失和艺术丧失。

由此可见,全盘引进西方经验的同时,一味地强调民众参与规划的过程,将提高实践的成本和加大变革的阻力,并且将造成规划对快速发展中的城市公共艺术空间预测不足,对实践缺乏指导意义。城市公共艺术规划只能是在不触及当前城市规划主体的基础上的一次尝试和改良。在此,将城市公共艺术规划与城市规划定位为平行渗透的关系,采取灵活的表现形式,如在总体规划层面可以以报告的形式成为规划的参考因素,又可以将具体的公共艺术发展的相关问题(例如城市色彩、艺术活动等)作为一个专项规划的内容,使之成为城市设计中的要素之一。将城市规划对空间的预测和管理职能与城市公共艺术规划对规划行动和过程的关注相结合,以先锋的姿态成为中国城市规划走向日常生活艺术的第一步。

4 城市公共艺术规划工作框架与规划内容

4.1 城市公共艺术规划的基本观念

4.1.1 城市公共艺术规划的主体观

城市公共艺术作为城市中重要的空间要素,产生于各种主体行为和各种形式的社会关系构成。公共艺术的内容和表现形式要考虑公众的兴趣,要能够反映公众共同关注的社会问题以及反映公众的价值诉求。公共艺术的内容和表现形式作为一种公共文化资源分配的结果,也决定了相关主体的获取方式和获取的程度。城市公共艺术规划作为资源分配的手段,必然要以协调各相关主体的关系为目标,因此规划过程中的各个主体的参与尤为重要。

不同于艺术家个人的创作行为,也不同于个别公共艺术项目的运作,城市公共艺术的公共性决定了城市公共艺术规划是一个组织和协调公众、利益相关者、相关组织,以团队的形式来解决问题和进行决策的过程。

城市公共艺术位于城市公共空间中,与城市市民的生活息息相关,代表着市民文化精神生活的最高价值,更起到引导市民文化艺术取向的作用。与此同时,市民对城市公共艺术的发展也充满着期待,体现为人人享有体验艺术文化生活的意愿及参与和决策城市公共艺术发展的权利。以上这些都是城市公共艺术公共性的体现,更是公民权在城市公共艺术规划中的实现。

1. 体验艺术文化生活的意愿

城市是人们工作、生活以及实现理想的家园。人栖居于城市,对所生活的城市的热爱,源于对所生活的城市的好感。这种好感的来源并非只有高楼大厦,也并非限于充足的物质生活条件和享受的机会,还来自城市空间为人的生存和发展提供的机会和可选择性,以及参与公共事务、享受公共资源的主人翁意识。如芒福德所说,"城市中人的地位不同,城市可以让最卑微的市民也能分享城市的光彩和权利,以及将自己和集体人格联系在一起"。作为集体人格表现的城市公共艺术,是存储和激活城市的文化资本,赋予城市空间意义的元素,组织城市的美学构图。城市公共艺术规划具体来说是实现全体人对城市公共艺术享有的权利,而阻止个体艺术偏好的空间占有方式。

2. 参与和决策城市公共艺术发展的权利

在城市公共艺术规划的决策过程中,人的主观能动性和社会属性会使得体验艺术文化生活的意愿转化成更高的目的而对规划的过程进行自决。"因此,公民处于支配和被支配的地位,在决定尊重他人的权威时,是因为这是公民共同参与决策,然后共同遵守所作出的决策"。正如托克维尔(Tocqueville)所说:"公民权作为一种生活方式,是一种将个人利益置于社会利益之下的意愿,是对社区及成员的一种承诺,是对公共事务参与水平的体现。"城市公共艺术正是通过新奇的艺术形式来兑现参与和决策城市公共艺术发展的权利,体现和形成新的集体人格。

城市公共艺术规划的研究对象是城市公共艺术这一复杂的有机体,外显的城市公共艺术形态是由内在的经济、社会、政治等多种因素决定的,单凭规划师的努力是不现实的。因此,在规划的操作过程中,多专业、多部门的合作及相关人员组成的多元规划团队,是实现公共艺术公共性的基础和保障。通过组织使每个团队成员自愿参与到规划过程中来,共同面对各种利益冲突,理性地沟通与协商,达成共识并付诸行动。从城市公共艺术规划的团队构成来看,由相关的多元利益主体和多元操作主体两方面构成(见图4-1、图4-2)。

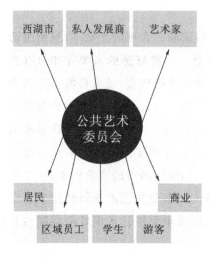

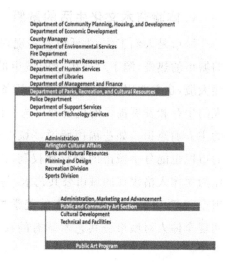

图 4-1　西湖市公共艺术委员会
　　　　多元利益主体

图 4-2　艾灵顿城市公共艺术
　　　　规划多元操作主体

1) 多元利益主体

城市公共艺术规划涉及多元利益主体,各个主体间的动机、目标及权利都存在较大的差异,而彼此之间的差异决定了城市公共艺术资源的分配关系。多元利益主体主要指那些在城市公共艺术资源的分配和在城市公共艺术整体目标实现过程中获益或受损的个体与群体。

首先,投资者、开发商及政府官员因为具有较强的控制权,能够通过调动相关资源联结各种团体构成利益集团实现自身的利益诉求、影响政府决策,成为强势群体。同时,公众因为缺少资源及调动资源的能力而成为弱势群体,其公共文化诉求处于孤立或分散的状态,缺少相应的实现途径,使得公众在以市场为主导的城市公共艺术建设过程中被边缘化,其诉求在规划的决策中不能得到应有的回应,难以影响政府的决策。因此,与公众相比,投资者、开发商以及政府官员成为城市公共艺术决策的强势群体,他们常常通过自身的强势地位,一方面获取更多的公共资源,另一方面通过公共艺术更好地服务于商业目的从而获取更大的利益。这个过程更多地体现为通过经济、权利对城市公共性资源的剥夺。

从市场经济发展来看,开发商对利润的追求无可厚非。但大量以商业目的为目标的艺术形式占据公共空间,或作为公共资源的公共艺术资源被少数强势群体优先占有,而城市政府却选择优先服从经济利益,这必将会带来发展的不均衡,正如弗里德曼所说:"如果听任开发商选择和私人投资,疏忽和漠视公众行动而自行其是,必将导致获取基本需求方面的不均衡。这种不均衡不但是社会公平问题,而且将赋予那些特权阶层更大的权力,剥夺贫困群体的权力,阻止后者努力走出贫困,促进富人的财富增长,最终使得社会两极的对峙变得危险。"

因此,针对城市公共艺术规划过程中所面临的多元利益主体之间的利益冲突,规划者需要以专业的眼光从城市的整体层面分析,不仅要考虑开发者的意图,更重要的是要考虑社会弱势群体的需求与认同。城市公共艺术规划师将成为真正意义上的公共利益的代言者,其使命是"献身于维护公共利益,并在规划过程中应用专业的知识和技能"。

从城市公共艺术规划决策的角度来看,促进城市公共艺术的发展、拓宽投资渠道和提高决策效率仅仅是实现物质空间建设的手段,实现公共艺术的公共性价值,使公共艺术资源服务于公众才是最终目的。

2)多元操作主体

随着城市公共艺术的发展,更多的人把城市公共艺术规划看作一种多学科、多领域交叉的实践形式。由华盛顿文化事务署领导的城市公共艺术规划团体于2009年提出的目标就是促进华盛顿特区公共艺术、城市规划、建筑工程、景观设计各专业间的合作以及更高标准的成果,以及促进多学科、多专业的交融与合作。

在规划的程序上,城市公共艺术规划可以作为城市规划与城市公共艺术的中间环节,是具体的公共艺术创作和项目实施前,实现城市二维空间的总体规划和规划行动的桥梁。在学术领域,人们认为城市公共艺术具有多学科协作和融合的特性,是打破传统城市学科专业实践壁垒的、内容广泛的新兴学科。作为一个新的学科,城市公共艺术的参与者不再局限于雕塑家、建筑师、公共艺术家、环境艺术家,历史学家、民俗艺术家等都可以参与其中。城市公共艺术不只是一个艺术种类,更是一门新的艺术实践学科。

从实践的发展过程来看,它填补了现有艺术设计、城市规划、建筑学、景观设计等专业实践中相互分化产生的间隙。曾经,城市公共艺术与建筑以及城市规划都属于传统艺术学科,但由于城市公共艺术实践领域和实践层次的拓展,城市公共艺术规划包含的内容越来越广,目前城市公共艺术规划已涉及艺术学、文化学、建筑学、景观学、社会学、法律等众多学科的知识。同时操作的主体也由原来的艺术家扩展到策展人、艺术管理者、建筑师、规划师等操作主体。城市公共艺术规划的多专业综合特征,使其在当下的实践中不能单独发挥作用,必须依托城市规划、城市设计、艺术设计的平台,从这些学科中吸取营养。同时也是将以上实践融为一体的桥梁,将各个专业对艺术的关注点联系起来的纽带。

城市公共艺术规划的首要目标是通过对公共艺术资源的确认及有策略的运用,认识到保持、延续自身文化的重要性,培育城市和地区的文化自信和凝聚力,以促进城市和地区的良性发展。同时,城市公共艺术规划旨在通过不同文化背景的主体参与规划过程来协商文化发展事务,培育文化包容性和多元性。

4.1.2 城市公共艺术发展的导向观

城市公共艺术的发展是各种因素相互作用的结果,充满着不确定的因素。正如查尔斯·汉迪所言,"我们存在于一个非理性和不确定的时代,无论你喜欢与否,我们不得不选择生活其中"。而事实上,城市、人类、城市公共艺术都处于一个不确定的环境之中。不确定性城市理论认为,不确定性是城市的本质和常态,而确定性是城市的非常态。但不确定性并不意味着不可知,城市公共艺术的发展具有一定的规律。

然而,对经济、社会发展所具有的规律性的认识却不应走向极端化——认为其发展的过程完全依据一定规律展开。正因为不确定性是城市发展的常态,即使之前城市发展的内在规律已被归纳和总结,仍不能确定未来的发展过程就会按照预计的规律进行,其中依然存在不确定性。1998年,相关不确定思想被明确提出,在《确定性的终结》一书中,普利高津

（Prigogine）提出不确定性理论在一些物理科学中有着深刻的体现，像自组织、耗散结构等概念，以及在不确定系统动力学中多种选择、预测的有限性和不确定性体现在观测的每个过程和层级中。在《方法：天然之天性》一书中，法国思想家埃德加·莫兰（Edgar Morin）提出应充分认识到客观物质的不确定性，在理解和分析问题时，"两种极端的研究态度都是不可取的行为，一种是忽略不确定性，另一种则是承认其不确定性，对事物都持消极和怀疑的态度。正确地认识问题的本质，是将认识和不确定性相互整合"。

对于不确定性思想可理解为可预测和不可预测并存，从长期预测和短期预测来看，短期行为因为更接近于事物的初始状态，所以是可预测的，而长期行为却往往变得不可预测。

从城市规划的实践来看，为应对城市的短期预测和长期预测需求，分别有近期建设规划和长期战略规划与之相对应。由于城市公共艺术规划面对城市公共领域多元复杂的主客体关系，并且艺术具有超前性和流变性的特性，规划作为一种空间配置活动，处于多元社会、经济、文化背景之下，因此城市公共艺术规划充满着不确定性因素。

对于城市规划过程中的不确定性因素，福瑞德认为其包括 3 个方面：规划过程的不确定性、指导价值的不确定性及相关政策方案的不确定性。城市公共艺术规划面对这些过程和环境的不确定性时，任何一劳永逸式的确定性目标都是徒劳无功的。

城市公共艺术规划在不同的历史阶段都体现了人们对美好生活的追求，都反映了时代的精神价值，展现了人类的艺术创造力，是实现城市艺术追求和公共艺术整体发展的重要手段。历史上无数的艺术家、建筑师、规划师在这种美好愿望的推动下，创造出无数艺术成就极高的城市，从古希腊雅典卫城到柏拉图的"理想国"，从柯布西耶的"光明城市"再到今天的"创意城市""艺术之都"，可以说城市艺术目标一直支撑着城市对未来愿景的探索。城市公共艺术规划从根本上就是为实现城市公共艺术的整体发展，改善城市的公共艺术环境，提高城市居民的生活质量。规划的过程具有目标导向性，目标贯穿于规划的全过程，是规划的起点也是规划的终点。随着城市公共艺术规划目标体系的确立，城市公共艺术的发展方向也就确定了，从而产生相应的策略并付诸实践行动。目标体系中包含不同层次、不同时间序列的子目标,彼此相互影响、共同促进,最终实现城市公共艺术发展的整体目标。城市公共艺术的发展是一个不确定性过程,规划的目的在于观察过程中的趋势和变化,在社会目标、经济目标、美学目标等多重目标集合的指导下(见图 4-3),对发展的方向进行不断的调整,从而实现对城市公共艺术的空间结构的整体谋划。

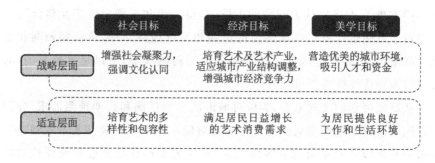

图 4-3　城市公共艺术规划的目标构成

4.1.3　城市公共艺术的资源观

城市公共艺术存在于城市这个复杂的巨大系统,其自身又由若干子系统和公共艺术要素组成,这些都使得城市成为资源的聚集体。西特说:"一座历史悠久的古代城市就像一本记录这个城市中所做的宗教的、精神的和艺术的投资的分类账……艺术有着固有的社会经济价值——激发爱国之情,吸引外国旅游者并增加与他们的经济往来。"公共艺术作为一个整体时,将不可避免地面临来自各方面的共同需求,主要是人、社会运动、利益、各种阶级、性别、政治权利以及宗教族群交互冲突与控制上的斗争。

从整体资源角度看,城市公共艺术不仅是艺术家和市民及艺术项目集中的结果,还是由整体的城市资源汇聚组合成的城市公共艺术空间结构。因此,城市公共艺术作为众多城市资源中的一种,可看作是城市资源聚集在空间上的最优化结果。首先,城市公共艺术作为城市物质空间要素,自身就是一种城市文化资源;其次,城市公共艺术作为社会文化资源的集合体,是各种资源相互作用的结果。因此对城市公共艺术资源的理解,不仅仅是对公共艺术本身,还在于其中包含的综合特征,如城市公共艺术的生活特征、社会属性、经济属性、场所精神、权利特征等。

1) 城市公共艺术的经济属性

城市公共艺术作为城市文化资源,是城市经济活动的产物,因具有公共物品权属的属性,通过公共艺术载体为城市的文化艺术需求提供供给,促进城市经济发展,而具有较强的经济属性。

城市公共艺术规划的重要目标之一就是促进城市和地区文化经济的发展。立足于公共艺术资源的经济发展能够推进城市和地区的产业结构调整,推动公共艺术设施的建设,改善城市和地区的适宜性。另一方面,经济富足能够使人们对地区文化的自信心更强,能够进一步增强地区和民族文化的凝聚力和认同感。

从供需关系来看,城市公共艺术规划对城市经济的影响可分为两个方面:一方面是强调城市能够提供充足的公共艺术产品及设施(供应层面),强调公共艺术生产领域,提升现有产业的附加值;另一方面则是推动城市对文化产品以及文化消费的需求(需求层面),重视刺激艺术消费(见图4-4)。

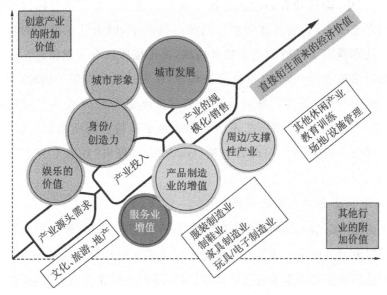

图 4-4　城市公共艺术的经济属性

69

供应层面是指城市为适应艺术经济发展的需要，提供相应的公共艺术产品以及相关配套服务体系，并通过公共艺术生产来创造就业机会，推动城市的再生产，创造经济效益。反之，供应层面受到城市生产能力以及城市在地区和全球城市体系中所处地位的影响。而需求层面则是指城市通过相关的发展建设（例如居民生活水平的提高、文化设施的建设等）使得居民产生不断增长的艺术需求，并且能够吸引外来的需求，例如吸引大型艺术活动、吸引旅游等。

关注城市公共艺术的经济属性，是要在经济上达到供需平衡，针对城市自身状况使供应与需求两方面相对协调发展。无视地区经济发展水平和文化需求水平而过于强调艺术设施、艺术产品的供应往往会导致设施闲置与资源浪费，而当城市公共艺术供应不能跟上需求时，城市与地区的吸引力会随之下降，难以形成吸引投资、人才的良好环境，经济建设也随之受到影响。

2）城市公共艺术的场所精神

"场所精神"的概念最早出现于古罗马时期，指守护神存在于所有"独立"事物之中，即所独有的内在特性与精神。城市公共艺术与陈列在艺术馆中的艺术品不同，它存在于城市的公共场所中，因为艺术独特的释义功能而表达和凝聚了场所和人的精神内涵，使得场所具有了独特性。通过对场所的语境的表达，新的社会秩序被构建，在表达主体身份的同时，为主体的行动提供参照，例如，"珠海渔女""哈尔滨冰雕""广州五羊""深圳的拓荒牛"及各具有特色的城市艺术活动都表达了独特的场所精神，从而使人产生归属感和认同感。因此吉登斯（Giddens）曾提出"场所本身就是一种资源"。

3）城市公共艺术的权利特征

无论是米歇尔·福柯的"权力话语"还是佐京的"符号经济"，其揭示城市空间发展的本质从来都是权力争夺和文化冲突的结果。城市公共艺术的权利特征体现为对外争取文化话语权，对内维护多样化个人权益，即国家的权利和个人权利的统一。

随着经济全球化的深入,城市与城市、国家与国家之间的竞争加剧。城市公共艺术因为其经济属性和符号功能正逐渐成为西方文化强势入侵的新手段。而各个城市出现的欧洲街、万国城正是一种对西方公共艺术形式的盲目追捧,是丧失了空间的文化话语权的体现。城市公共艺术规划应当认识到争取文化话语权、发展自身的文化个性以及发展城市公共艺术特色的重要性。

城市公共艺术特色的形成过程,可以用凯文·林奇在《城市意向》中所说的"公众意象"来解释,"它应该是大多数城市居民心中拥有的共同印象,即在单个物质实体、一个共同的文化背景及一种基本生理特征三者的相互作用过程中,希望可能达成一致的领域"。城市公共艺术特色的形成即是多元主体的多样化选择经由规划的过程产生共同认同的结果。对我国城市公共艺术而言,一方面要保持和完善自身的"显著特征",即保持深层文化结构,体现地区民族特性的文化价值观并使其不受摧毁,对自身的文化传统持有清醒的认识;另一方面也要积极吸纳新的文化要素,建成一种具有文化包容性和富有活力的多元文化体系,满足城市日趋多样化的艺术需求。借用英国文化研究大师雷蒙德·威廉斯在 1983 年出版的《迈向 2000 年》一书中所说的话,"新形态的流动使得对地方的忠诚不再指的是被硬性划定的认同,而是日益变成一个事关选择、决定和具有可变性的问题,我们必须探索新型的多变社会和多变认同"。查尔斯·兰德利在《创意城市》一书中也表达了同样的观点,他指出培育地方认同是形成创意城市的基础,文化多样性和文化宽容是关键要素之一。

在 2002 年,澳大利亚恩西尼塔斯市通过艺术总体规划,进行了关于城市公共艺术价值的调查研究,通过分析全市 70 个案例,发放 28000 份问卷,广泛地收集开发商、设计者、艺术家、市民、城市官员以及社会团体的意见,研究的目的是考察城市公共艺术带来的价值,并对结果进行定量分析和评估。研究结果显示城市公共艺术能够发挥提升生活质量、为艺术青年提供机会、实现城市的混合开发、发展旅游、延续城市历史的综合效益(见图 4-5)。

ARTS MASTER PLAN SURVEY RESULTS IN DESCENDING ORDER		Agree			Disagree	
SQ#	Survey Statements(Abbreviated)	5's	4's	3's	2's	1's
2	艺术提升生活的质量	79.9%	12.5%	4.1%	2.1%	1.1%
6	应给艺术青年提供机会	75.1%	14.2%	7.5%	1.6%	1.6%
3	方案的形成应有艺术团体的合作	74.1%	14.9%	7.2%	2.4%	2.2%
4	公共艺术有利于恩西尼塔斯	70.8%	16.7%	6.9%	3.0%	3.2%
8	土地规划与发展应考虑艺术与文化的影响	70.2%	17.1%	7.1%	2.4%	3.8%
5	艺术应该包括在公共建筑物和设施中	69.5%	17.0%	7.6%	2.9%	3.6%
12	艺术和文化活动很重要	69.4%	20.7%	5.8%	1.3%	2.6%
7	应鼓励艺术混合用途发展	65.7%	14.8%	12.8%	2.6%	4.0%
10	艺术已为社会提供经济效益	64.3%	20.2%	9.2%	3.1%	3.1%
9	应将公共资源提供给艺术	64.1%	20.3%	8.2%	2.2%	5.5%
11	应该用艺术和文化激励城市旅游	62.2%	18.5%	11.1%	4.3%	3.9%
1	恩西尼塔斯的丰富历史和文化传统应得到维护	61.3%	20.3%	12.0%	3.5%	3.7%

图 4-5　城市公共艺术规划的综合价值调查

4.2　城市公共艺术规划的任务及核心目标

4.2.1　城市公共艺术规划的任务

从当下名目繁多的城市公共艺术规划的实践项目来看，很多规划缺少整体谋划的意识。各种规划项目或迫于城市产业结构调整的需要，或作为官员的政绩或形象工程，规划多就雕塑论雕塑，就艺术产业论艺术产业，缺少对影响城市公共艺术发展的各种因素的系统分析和整合。针对实践中存在的问题，城市公共艺术规划的核心任务是，从城市公共艺术的整体和战略性角度出发，识别和挖掘影响城市公共艺术发展的内外部要素和存在的潜力以及未来发展的趋势，进而对一定时期内城市公共艺术的发展进行适时控制和引导。

首先，城市公共艺术规划的启动是影响城市公共艺术发展的各要素变化和作用的结果,规划的第一个任务是收集各种要素,理解要素之间的关系,识别启动规划的条件和环境。例如,城市面临城市更新和文化复兴需要重大的公共艺术项目或活动,或者城市面临转型或产业升级的机遇,或者地区之间出现的竞争加剧。然后,城市公共艺术规划是由若干城市公共艺术项目和专项问题组成,规划的任务是要协调各个项目之间的关系,以及协调各种规划的目的,避免出现空间发展盲目、失衡以及无组织发展的现象。再者,城市公共艺术的发展依托于城市公共空间,不同类型的公共艺术有不同类型的空间需求,规划的任务是探索和实现完整的城市公共艺术空间结构。最后,城市公共艺术规划行动的过程包括规划的过程以及实施和管理的过程,规划的作用是以政策和政治决策作为保障,与政府和城市规划主管部门配合,以达到引导城市公共艺术开发和建设的目的。

4.2.2　城市公共艺术规划的核心目标

城市公共艺术规划是将城市中各种公共艺术要素视作一个彼此关联的整体,不但是对内外部要素的全面梳理,还是对城市过去和未来的延续。在面对这个复杂的系统以及各主体间不同的艺术诉求、美学偏好及价值取向时,任何单一的个体和组织都无法做到全面客观地分析问题。中国当下正处于快速城市化的过程中,现有的公共艺术规划难以以一种全局的思维来指导城市公共艺术的发展,往往只能做到关注局部问题,或存在强烈的主观色彩,存在一定的局限性。由于城市公共艺术的复杂性和各主体间矛盾的客观存在性,要通过规划把所有的问题解决是不现实的,只能立足于城市公共艺术的长远目标和整体发展来引导城市健康发展,并调节和平衡各利益团体之间的关系。

总的来说,城市公共艺术规划是对城市或地区公共艺术发展进行的整体性、结构性的谋划,表现为规划编制的过程与成果(即整体空间结构和规划行动的谋划),其目标是空间结构上服从城市整体,分配城市公共艺术资源,实现城市的艺术生活理想。规划行动强调集体参与,最大限度地实现城市公共艺术的公共性。

1. 空间结构的整体谋划

城市公共艺术规划不是放大的艺术创作和城市美化，也不是城市规划的深化，而是将城市的公共艺术资源看作一个整体，协调整体结构和整体关系。城市公共艺术规划致力于构建一种"结构关系"，不仅是雕塑、灯光艺术、地景、建筑等物质层面上的关系，还包括公共艺术与街道、广场、公园等城市公共空间的关系，非物质层面上的主体之间的关系，以及它们所代表的利益与偏好的关系。因此，在规划实践过程中，要处理空间层面的关系，包括与交通、区位、公共建筑、开敞空间、空间活动等的关系；同时要处理时间层面的关系，包括与城市的历史、开发的先后时序等的关系。规划通过对一系列关系的处理、整合，建构城市公共艺术规划的目标，制定规划策略，进而指导各个层次城市公共艺术的建设和管理。

组成城市公共艺术的要素是多样的，关系是复杂的，在进行城市公共艺术的规划时，不是要考虑所有的要素，而是要寻找要素之间最有价值的关联，来实现对结构的把握。这样才能把握核心资源要素，简化关系，锁定核心目标，实现资源的集约化利用。

单个公共艺术项目并不能解决城市公共艺术本身的问题。影响城市公共艺术发展的是空间骨架，公共艺术规划和城市公共艺术项目的不同之处就在于，城市公共艺术规划是一个包含一揽子项目的地区或城市整体，关注的是项目与周边环境的关系，项目与项目以及与城市整体的关系。在实践领域，对城市发展具有较大促进意义的城市公共艺术规划也往往是跨地段的或与城市综合开发互动的项目。例如，艺术设施规划、艺术区规划、城市更新项目等。城市公共艺术规划除了处理公共艺术项目与周边用地空间的关系，还应包括项目与项目之间的关系及项目与城市的关系。正如培根所说，"从只见树木不见森林的方法中解脱出来，从城市全局出发，把城市当成一个有机的整体来看待是解决问题的关键"。每个城市公共艺术项目都应该置于更高层次的城市背景中去考虑，不能就局部论局部，就项目论项目。城市公共艺术规划不仅在微观上将艺术项目置于城市网络中，而且对应城市规划的各个层次，分别从中观与宏观层面上建立与周边环境以及城市整体的关系。

时间和城市公共艺术之间存在紧密的联系,城市公共艺术规划还应处理时间要素的关系。凯文·林奇在著作《此地何时》中对时间和城市建成环境的关系论述到,"我们体验城市环境,我们生活在时空之中"。从城市公共艺术规划的本质来看,规划的行为是置于时间和物质动态变化中的,其中既有物质空间的因素也有时间的因素。从物质的结构来看表现为各个公共艺术元素在空间中的分布,就时间因素来看表现为建设的时序的不同和艺术的风格性、符号性随时间的变化而处于不定的状态。由此对城市公共艺术管理以及规划控制产生了一定的难度。

城市公共艺术时间的变化往往是以上一次变化为基础并且对上一次变化作出回应,如风格的流变、主流意识的更替、政治风气的变化等,存在一定的周期性、渐进式发展的特点。城市公共艺术规划是在对艺术史、城市发展史以及历史变化规律理解的基础上,对当下和未来发展趋势、机遇、挑战及限制的识别。正如凯文·林奇所说,"只有拥有强烈的时间机遇、意识,联系城市的过去与未来的变化,对这种变化充分欣赏和利用,才能提高规划行为的有效性和内在的一致性"。

在城市公共艺术规划中,除了对城市公共艺术建设时序做安排,以及对艺术时间性做研判,同时还应对城市公共艺术未来的发展做引导,通过具有代表性的综合项目的开发、大型公共艺术设施和公共艺术活动的建设以及具有影响力的公共艺术作品的创作,为城市后续的开发建设以及持续的发展提供"催化剂",使规划在时间和空间上对城市公共艺术发展产生持续的作用。

如上文所述,城市公共艺术规划从整体性和战略性的层面思考公共艺术要素和城市的时空关系,规划并非不分重点地全盘考虑,而是着力抓住其中最关键的要素,才能对城市公共艺术发展产生结构性的调控。

2. 行动上的协商参与

城市公共艺术规划的过程是一个社会过程,涉及共同的目标,也涉及多元主体的艺术文化需求,还涉及公共艺术资源的分配及整合,以及各公众主体间的合作与分歧。城市公共艺术规划的目的是通过规划与管理的结合、技术与政策的结合,给艺术家创作的空间,保留个体的差异,促成一致性的认同,最大限度地呈现一个真实的公共领域,为艺术家提供一个发现公众诉求、了解公众关心的话题的途径,最大限度地实现城市公共艺术的公共性价值。

"人的行为由人、环境及行动交互作用所形成,行为在社会学习中形成,人的行为受到社会规范、社会道德、社会环境的影响,因此人具有社会性"。与纷繁复杂的艺术家个人创作不同,团体或组织的行为往往最能影响和推动城市公共艺术和城市环境的发展。在应对环境变化的过程中,每个人都希望在环境中获得自我价值和艺术追求的最大实现,城市公共艺术的发展必然与相关主体的利益关系和偏好有因果关系。在人与人的利益出现冲突时,最有效的解决方式是形成一种协商参与的机制。其中,组织、分工与协作对于优化行动质量、达成一致意见、节约公共资源、实现高效率的行动都具有重大的意义。

20世纪40年代,城市扩张和战后重建引发了西方国家大规模的新城建设和城市更新,为了追求效率以及规模,现代主义风潮盛行。理性主义和功能主义造成了文化及人性的泯灭,城市文化丧失、缺少人情味,导致城市的活力衰退和空心化。20世纪50年代,这样的城市发展现状受到了社会学家的强烈指责和质疑,1960年简·雅各布斯在其著作《美国大城市的死与生》中对美国城市的建设活动指责道:"规划者不应只关注单纯的物质形态规划,对社会力量怎样塑造城市环境的漠视,将不能有效地促成社会环境的形成,规划应当从城市环境的角度关注人们的心灵和社会文化。"一系列的对于人和社会方面的关注引发了城市公共艺术规划的产生。在此之后,城市公共艺术由单纯的物质空间的艺术创造,逐步将目光投向对人、环境和社会的探索,由美的艺术转向面向社会公共的空间及生活的营造,由恢弘的轴线和空间构图转向于对人心理的感知。

城市公共艺术规划以及城市规划逐渐成为一种积极行动的社会艺术,转向于操作以及实施的过程。凯文·林奇认为"城市设计应关心人类活动、物体以及管理机制和改变的过程"。以上这些都足以表明城市公共艺术规划机制和过程的转型。

作为行动过程的城市公共艺术规划主要体现在追求协调社会关系,促进多学科、多部门合作,以及优化行动质量等综合利益上。对城市公共艺术建设的引导一方面通过不同层面融入城市规划的管理体系来实现,另一方面通过一系列政策工具的制定为过程提供保障,例如,2000年美国汉弥尔顿规划委员会的官方文件中指出,优秀的城市公共艺术规划并不是通过经验的判断和部门的权威指令以及制定各种标准来解决相关的问题,而是通过制定规划的目标和原则来引导城市公共艺术的发展。规划的目标往往是抽象的影响城市公共艺术建设行为的思想性的描述,而指导创作以及建设活动的是各个层面的策略性表述,包括规划的原则、资金的筹集、重点发展的区域、城市设计导则等。城市公共艺术在实施中因具有过程特征而有灵活的特点。引导和控制性的成果借助具有法律效力的规划体系,通过导则和图则以及公共艺术评审的形式对公共艺术项目的开发建设制定基本的标准,而对艺术家具体如何创作以及采用何种艺术形式并没有限制,这样一方面保障了公共利益,揭示了公共领域的价值和目标,另一方面营造了一种相对宽松的艺术政策环境,为艺术家的创作保留一定的空间。

为此,城市公共艺术规划在行动上的协商参与需以管理和政策作为基础和保障,强调的是规划和管理相结合以及技术性和政策性并重。

1)规划和管理相结合

城市公共艺术规划强调的是行动过程的动态特征,在传统的理性规划和空间技术基础上强调管理的技术,使之成为城市公共艺术管理的重要工具。将规划与管理紧密结合,既是对规划进行管理也是对管理进行规划,二者相互配合、共同作用。

规划工作和艺术工作是从事城市公共艺术规划工作的基础,是成为一名规划者的基础,决定了对城市公共艺术规划目标的制定以及规划方案的选择的正确性。但城市公共艺术涉及多个专业、主体,相较规划技术工作本身更具复杂性和多元性,更难以驾驭。常言道"三分规划、七分管理",目标和规划方案的落实需要相关管理技术提供相应的保障,行动上的协商参与离不开科学的管理。

2)技术性与政策性并重

城市公共艺术规划并非漂亮的空间设计图,而是作为一连串的行政和决策的过程,不仅仅要将其视为一项技术工作,更要看重其政策性。首先,作为政策性的规划是规划成果顺利实施的保证,规划各个阶段制定的政策可以作为后续具体公共艺术项目创作和实施的原则和指导,进而对城市公共艺术的发展方向进行控制和引导。再者,政策的制定过程不仅包含外在的物质、功能和形态的内容,更重要的是受到社会、经济、文化等的影响,这些是市民感知到的城市公共艺术形态的内部成因,使得城市公共艺术政策成为城市行政系统的重要组成部分,需要政策制定机构和政府共同协作,才能实现城市公共艺术的整体发展。

在整个规划的过程中,不同利益主体带着不同的目的参与到行动中来,具有不同的需求、动机、目标和行为方式,其所关注的角度也有所不同(见表 4-1)。

表 4-1   不同利益主体的行动动机和关注点

	利 益 主 体	行 动 动 机	关注的角度
私人利益	土地所有者	获得土地回报	土地价值
	开发者	取得开发权、获得政策补偿、缩短开发周期	公共艺术能够成为卖点,提高产品附加值
	城市公共艺术规划师	协调利益主体、维护公共利益、促进整体发展	城市公共艺术与城市规划的整合
	公共艺术家	艺术语言表达、形式的创新	艺术性和公共性价值,更多地考虑艺术价值
	公共艺术策展人	策划和组织艺术展览和活动,发现有价值的艺术主题	公共性的艺术主题
	公众	参与公共事务	实用、方便、美观、性价比高
公共利益	规划管理部门	确认符合规划法规和政策	常常向更广泛的经济社会目标妥协
	公共艺术委员会	维护城市公共艺术的整体性	城市公共艺术资源、城市公共艺术空间、规划行动
	公园、旅游部门	开发旅游资源	艺术能否吸引游客

续表

	利益主体	行动动机	关注的角度
团体利益	社区团体	希望艺术和日常生活结合	艺术的公共性
	当地社群	艺术和地方文化结合	艺术的地方性
	非盈利组织	艺术福利	艺术的公益性

城市公共艺术规划要为城市公共行动提供一个共同的目标,并反映各个主体之间的关系,各个主体之间行动的动机、类型、机制、效益、目标以及各个主体行动的结果。

城市公共艺术规划涉及多种层次、多个项目及多样的主体,通过行动上的协商参与使之达成共识是实现整体谋划的主要方式。规划不是由个别项目或主体的意愿所决定的,任何项目或主体都需要将自己置于城市这个整体之中,通过周边地区以及其他项目和各个主体之间的关系来判断自身的位置,最终实现整体发展。

4.3　城市公共艺术规划的原则

4.3.1　以资源要素为基础

城市公共艺术的发展是相关要素汇聚的结果,城市公共艺术规划则是对相关要素的配置过程。规划的行动也必须以全面掌握相关的要素为基础,从而对城市的公共艺术资源实行资源配置的整体规划。

这里的城市公共艺术资源要素并不能简单地划分到具有某种显著特性的资源类别中。这种特殊的公共艺术资源要素由于处在城市环境的大背景下,具有多元性和综合性。从规划的过程看,既有处于规划始端的城市现有的资源要素,同时也有规划末端的分配和再造的成果和效益;既包含静态的艺术要素,例如壁画、雕塑、灯光艺术等,也包含动态中的艺术要素,例如艺术表演、行为艺术、互动艺术等;既可以取材于广博的大自然,也可以来自社会中多角度的现象观点;既包括所规划的目标城市范围内的公共艺术资源,也要考虑目标城市范围以外对目标城市的公共艺术发展有影响的资源。

在规划过程中,要考虑的不仅包括目标城市的公共艺术资源所涉及的类别、领域和区域范围等空间因素,更要从时间的角度出发,对城市的公共艺术发展进行阶段性的目标规划,城市的公共艺术资源配置的整个过程体现为阶段性的"时间轴"的形态,是权衡公共艺术资源要素在各领域的作用以及效益,实现资源分配的效率和公平,最终实现整体层面的效益(见图 4-6)。

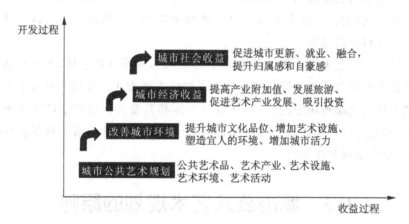

图 4-6 城市公共艺术规划的综合价值调查

4.3.2 以艺术远景为导向

城市公共艺术规划在对全局的要素充分考虑的基础上,为规划提供了一致性、焦点性和连续性的发展方向,以全局性、战略性的思维应对城市公共艺术发展中的不确定性。城市公共艺术的发展过程具有不确定性。过程中涉及多种主体、多种目标,彼此之间存在分歧与冲突。城市公共艺术规划要做的是提供总体的发展方向,协调各方行动,使之朝着目标前进。戴维·库夫曾说:"面对规模巨大的城市项目,实施项目的操作过程是长期而艰巨的,在最初的热情消退以后,操作的过程必须对'理念'坚持'有目的的宣讲'。为此面对诸多不确定性因素的存在,规划为保障行动的效率必须规划一系列宏伟的目标,这样才能保障在长期的发展过程中保持城市公共艺术的总体发展方向。"

宏伟的目标可称为城市公共艺术的"艺术远景"。有了"艺术远景",在面对不确定性因素和新的选择时,规划主体才能迅速明确各自的角色和行为,提高行动的效率。

在概念上,对艺术远景有着多种理解。其一,是"可证明",一种关于证明未来可能是什么并且内在一致的观点;其二,是"可实现",能够实现某些正确的决策,并使各主体对未来环境的选择有序化的工具;其三,是"可实施",是一种训练有素的方法,用于想象未来,并在未来的决策中可能被实施。

艺术远景有别于单纯的想象蓝图,不是单方面的理想主义构架。它具有针对性和逻辑性的特点,对可能出现的现象和问题都有提前应对的规划,对城市公共艺术的发展至关重要。城市公共艺术的有序进行总是依赖于有序的规划。而规划的准确性和可实施性与规划的时间长度和外在条件的稳定有关,规划的时间越短,外在条件越稳定,则规划的准确性和可实施性就会大大提高。反之,会使计划的准确性和可实施性降低,甚至与最后的结果背道而驰。为了应对规划中的不确定性和复杂性,利用艺术远景可以使规划的过程向更合理、更高效的方向发展,并使城市公共艺术的理想和可操作性结合起来。

首先,"远景"是建立在对城市和地区历史的分析和了解之上的,只有了解过去才能预测未来,才能获得未来行动的基础。其次,"远景"是在综合分析城市或地区的优势、劣势、机遇以及挑战的基础上,确定城市公共艺术的未来发展目标与定位。最后,使用者最了解地区未来的需求,城市公共艺术规划通过相关利益主体和公众参与的过程来确定城市的"远景","远景"用以明确城市和地区居民,以及使用者对未来城市公共艺术的期许。

以阿什兰城市公共艺术规划为例,规划对城市居民进行需求调查,对城市现有资源环境现状进行调查,组织多方面专家和团体举行研讨,从2006年开始,至2007年结束,历时一年。把重点放在城市公共艺术发展的关键问题上,即当前公共艺术发展和城市复兴政策中存在严重的不公平的问题,在此基础上提出"包容的城市"的"艺术远景",其策略是平均地分配城市公共艺术建设资金,处理经济发展与社会、文化发展之间的矛盾,并侧重表达三个主题：邻里的公共艺术、艺术教育、艺术家的就业。与以往不同的是此次规划将重心由市中心转移到城市边缘区域，通过一系列项目来实现社会、文化和经济的综合效益。2007年第二届市民会议上由艺术委员会向市民代表展示城市的"艺术远景"，回访的结果显示"艺术远景"获得了公众极大的支持。

4.3.3　以协商参与为保障

客观上来说，协商参与的行动原则的产生来自城市环境在发展过程中的不确定性和复杂性。人对城市环境发展的认识是存在局限性的，因为城市环境发展可能会受到来自经济、社会、文化等多领域的因素影响而发生改变，甚至与原有的预期和计划相背离。对于规划的目标城市，需要界定范围、层次、类型等，从而为城市公共艺术规划的界定建立一定的条件。但正是由于这些条件的限定，使城市公共艺术规划产生局限性，如较少考虑市民对城市公共艺术视角的差异性，缺少规划范围外的整体性考虑，受现有发展阶段和水平的局限等。

因此，城市公共艺术规划的制定与实施不是规划师一人能够独立完成的，需要吸纳各个参与主体的经验和建议，使城市公共艺术规划的过程尽可能的完善。除了以上提及的客观原因，公共性作为公共艺术的重要特性之一，也是城市公共艺术规划实施过程的核心价值之一。而在此过程中，实施协商参与的行动原则是公共艺术的公共性特征的重要体现。

城市公共艺术规划的实施目标是使艺术福利化，实现每个城市公民都能参与艺术、享有艺术，这一目标体现了城市公共艺术规划所具有的公共意义。在规划的过程中，城市的公共艺术资源将进行整体配置，过程中涉及与城市发展相关的多个参与主体通过协商参与的行动原则，平衡各自的利益关系，最终使规划结果能实现公共利益的最大化。

正如Lindblom在《民主的智慧》(*The Intelligence of Democracy*)中所说，民主的智慧是寓于社会互动之中的个体行为，无论其目的和意义如何，最终会形成一种合力和规则，像一只看不见的手推动着社会前进。而协作参与则是这样一只看不见的手，引导着各个主体共同参与到规划过程中来，并推动城市公共艺术规划的实施，最终实现公共艺术资源的公共化和福利化。

一方面,城市公共艺术规划的协商参与的理念,决定了整个规划框架的制定和实施都不是某个参与主体能单方面决定的,而是所有参与主体表达各自意愿并共同协作完成的结果。从规划框架制定的意义上来说,协商是整个规划行动的核心,通过协商了解不同主体之间的需求和期望,进行对应规划的制定和实施,从而达到所有参与主体利益的平衡。

另一方面,协商参与的行动原则不仅仅贯穿于制定和实施过程,还应该在后续的反馈机制中实行,使整个规划处在动态的规划过程中。各个参与主体在规划实践过程中,由于规划范围的变化、公共艺术形制出现改变以及空间关系的更改,发生预期外的自身利益的削减和损害,都可以要求再次协商对规划实施情况进行更改。在不断循环协商规划的过程中,城市公共艺术规划更加完善,从而使城市的公共艺术资源得到更好的配置(见图4-7)。

图4-7　城市公共艺术规划的概念模型

4.4　城市公共艺术规划工作框架

城市公共艺术规划工作框架可以理解为联系城市发展与规划行动的一种整体性的规划工具。"框架"一词在《现代汉语词典》中指由梁、架、柱等联结而成的建筑的结构和事物的基本组织、结构,在此可理解为完成城市公共艺术规划的一系列工作的组织结构。建立工作框架的优势就在于,提供一个稳定的结构让使用者可根据地方性和多样性的需求融入自己的操作,并通过扩展框架实现框架的重复利用。通过对相关研究的梳理,城市公共艺术规划的工作框架可由城市公共艺术资源要素研究、城市公共艺术空间远景构建、城市公共艺术行动规划三个部分组成（见图 4-8）。

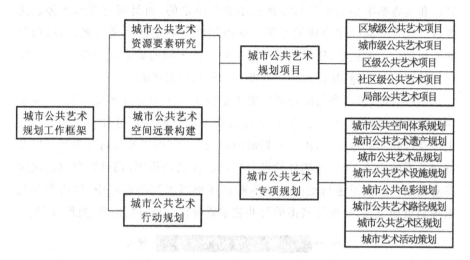

图 4-8　城市公共艺术规划框架的组成

4.5　公共艺术规划的内容

4.5.1　区域层面

区域层面上的公共艺术规划主要在分析不同城市与地区资源要素的优势与发展潜力的基础上，通过整合区域内的公共艺术资源，实现城市间的分工和协作，避免不必要的竞争；通过相应的政策以及合理的布局来促进区域的整体联合发展，增强区域的竞争力和艺术影响力。

区域层面上的公共艺术规划的内容包括：

（1）全面调查区域城市公共艺术发展的资源要素，包括重要的公共艺术设施、公共艺术产业、公共艺术活动等，从而确定区域城市公共艺术发展的共同目标；

（2）维护和挖掘不同城市的公共艺术特色，从区域发展和优势互补的角度促进城市间的协同发展；

（3）从区域空间的角度统一规划、综合平衡、合理布局，以求达到资源的最优配置；

（4）制定相关政策，建立起区域间的合作与对话机制，加强区域公共艺术方面的投资，集中资源建设世界级的公共艺术设施，应对全球化的竞争。

案例：英国核心城市联盟的城市公共艺术规划

2001年，英国的核心城市联盟（包括伯明翰、利兹、谢菲尔德、曼彻斯特、利物浦、布里斯托尔、纽卡斯尔）进行了关于城市公共艺术发展的相关研究。2002年，英国艺术策略研究机构 Comedia 完成了一份名为《释放核心城市文化潜力》(*Releasing the Cultural Potential of Our Core Cities*) 的研究报告。这份报告从区域的角度对英国7个核心城市的公共艺术发展潜力、发展机遇及面临的挑战进行分析，并提出了相应的规划策略（见表4-2）。

表 4-2 英国核心城市的公共艺术规划（笔者根据原有报告整理）

城市公共艺术的资源要素		
公共艺术设施	（1）伯明翰的公共艺术区和公共艺术设施，如交响音乐厅和国家剧院等；（2）利兹的西约克夏剧院；（3）曼彻斯特美术馆	**核心城市的公共艺术状况** （图表：剧院、音乐厅；美术馆；博物馆；旅游参观人数占比。纵轴 0%—40%，图例：■核心城市占城市地区的比例；■七个核心城市地区占英国的比例）
公共艺术产业	（1）谢菲尔德的艺术区；（2）利物浦的电影产业；（3）布里斯托尔的动画制作	
公共艺术活动	（1）谢菲尔德的音乐节；（2）曼彻斯特2002年举办的艺术和创新主题的活动，综合文化、艺术、教育的大型艺术活动——"英联邦活动"(Commonwealth Games)；（3）利物浦成为2008年"欧洲文化之都"	
公共艺术空间远景的构建		
政策方面	提高对公共艺术的潜力的认识，推出相应的政策，积极鼓励核心城市的公共艺术发展	

续表

投资方面	改变现有城市地区公共艺术投资的平均主义,强化核心城市公共艺术发展的领导地位,制定相应的投资策略
凝聚力方面	(1)核心城市之间建立起有效的公共艺术合作关系,与伦敦在世界上的艺术文化中心地位相协调,并建立有效的公共艺术合作网络应对全球城市竞争;(2)完善核心城市公共艺术设施,服务地区发展
强调地区协作的规划行动	
建立有效的协作与对话机制	(1)地区内的协作:例如纽卡斯尔和盖茨黑德在1999年建立了艺术合作伙伴关系。两个城市联合进行城市复兴,包括耗资4 600万英镑的波罗的海艺术中心(Baltic Center for Contem-porary Arts)、耗资6 200万英镑的音乐中心、盖茨黑德千年桥以及耗资2亿英镑的Newcastle Grainger Town城市文化更新计划。两个城市委员会联合制定了一份10年的艺术发展策略,包括组成联盟参加欧洲文化城市活动的竞争; (2)地区间的合作:例如利物浦和曼彻斯特在2001年签订了具有历史意义的合作发展协议,以促进地区的整体发展。两个城市在旅游和文化艺术产业方面展开密切合作,将曼彻斯特具有优势的视听艺术产业和利物浦具有优势的电影艺术产业、艺术休闲产业进行整合,整个地区发展成为英国国内仅次于伦敦的公共艺术聚集区; (3)同伦敦地区的合作:作为世界级的文化艺术中心,伦敦具有独特的地位,核心城市应当同伦敦协调发展,构成公共艺术资源和艺术产业的网络,提高英国在世界上的竞争地位
公共艺术规划的对策与建议	
政策建议	(1)在广泛对话和协作的基础上建立更加有效的公共艺术发展领导机制,减少城市之间对公共艺术资源和公共艺术设施建设的不必要竞争; (2)制定国家层面和核心城市的城市公共艺术规划策略,同时积极制定和实施城市和社区的公共艺术规划; (3)改进公共艺术政策和投资策略

4.5.2 城市层面

城市层面上的公共艺术规划从城市总体来看,其内容包括如下几个方面:

（1）关注公共艺术因素对城市竞争力提升的影响，对城市经济和社会发展的综合价值，并确定城市公共艺术发展的关键性议题；

（2）关注城市公共艺术福利对居民生活质量的提升作用及对社会凝聚力形成的促进作用；

（3）调查城市的公共艺术资源要素，结合城市公共艺术相关的历史文化、自然资源、社会背景等建立整体的空间结构体系；

（4）制定城市公共艺术规划的总体目标，依据城市的总体功能布局和功能结构，提出相应的分区，并从整体上把握城市公共艺术规划的空间远景；

（5）相关的艺术区、艺术旅游、公共艺术活动、艺术品、艺术设施等空间硬环境和软环境的建设，为空间的实施提供资金、政策等相应的行动保障；

（6）建立与城市战略、城市规划、城市设计、城市交通之间的协作。

案例：圣地亚哥公共艺术规划

圣地亚哥公共艺术规划是圣地亚哥第一个针对公共艺术的长期的、广泛协作的发展计划。这份在市长的指导下于2003年开始制定的公共艺术规划的目的在于：推动对城市公共艺术的重视——在地方规划的各个方面都要认识到城市公共艺术对城市生活的重要意义；提高城市居民艺术生活的质量——艺术资源对于所有人而言应当是公平分布的且具有良好的可参与性，以保证多样化的艺术活力能够持续；促进艺术文化经济的增长——证实公共艺术对于经济的重要性体现在创造就业机会、吸引商务活动、复兴邻里关系和每年吸引成千上万的游客。

圣地亚哥公共艺术规划的策略和行动如下。

（1）规划的相关策略：①为艺术家和艺术组织提供生产、生活空间，建立社区艺术中心，振兴城市中心并建立主要机构，建立城市的公共艺术中心；②城市政府的公共艺术政策——强调不同部门之间的合作，在文化旅游、经济发展等领域推动公共艺术空间发展；③城市范围内合作——促进公共艺术项目和文化资源的沟通交流，增加公众参与公共艺术项目的力度，推动社区艺术委员会的建立和社区公共艺术规划的进行；④技术和财政上的支持——推行艺术百分比法案，明确资金的使用对象和使用比例，为单个艺术家和文化组织提供财政支持，建立技术和物质资源中心，为艺术组织和个人提供管理、培训和服务；⑤城市公共艺术教育——加强公共艺术的基础教育和中等教育，以及继续教育和成人教育。

（2）部门间协作的规划行动。圣地亚哥公共艺术规划历时 18 个月，是在各方广泛参与的基础上形成的，参与的各方包括城市中心的艺术机构、商业团体、城市与区域规划的设计者和组织者及城市部门，如人力资源部、公园与经济发展部门、圣地亚哥公共图书馆等。1990 年，在有 250 个代表参加的会议上对初步规划进行了讨论。该规划的资金大部分来源于圣地亚哥社区信托组织，其余部分来自国家艺术资助基金会（National Endowment for the Arts）。

圣地亚哥公共艺术规划是针对城市公共艺术发展而进行的相对全面的指导性规划，它不仅仅针对物质环境的规划建设，还更加重视公共艺术设施的使用效率、资金来源和对于周边邻里的作用。该项规划不仅仅是政府行为，在广泛参与的前提下，使得规划有了更为明确的指导性和针对性，并且每年一次的实施评估报告能够及时反馈各方的意见并指导规划的修正，在相当大的程度上确保了公共艺术规划实施的效果。

4.5.3　社区层面

在社区层面上的公共艺术规划主要关注的是，通过社区成员参与规划制定和规划执行过程，唤起"社区共同体"意识。其目的在于培育社区的自主能力，以共同经营艺术产业、艺术事务，促进地方艺术团体与社区组织合作，通过对整体公共艺术空间及重要公共艺术设施的整合及举行相关的公共艺术活动等，使社区生活品质得以提升，空间获得美化，进而激发公共艺术活力，塑造出社区自身的公共艺术特色。

社区层面上的城市公共艺术规划一般包括：

（1）社区资源调查，包括了解社区居民的艺术需求，对社区艺术资源进行调查；

（2）社区公共艺术特色的营造，提升社区街道、广场、艺术中心公共空间的艺术形象和识别性，丰富社区的艺术生活；

（3）在规划的各个环节融入社区参与的内容。

案例:台湾地区的社区公共艺术规划

台湾地区文化建设委员会以"社区总体营造计划""文化艺术奖励条例"及"公共艺术设置办法"为政策方针,为社区公共艺术建设提供资助,希望通过适当的奖助,强化社区组织及社区的公共艺术环境,在社区拥有和参与原则下,经营出具有美感、品位与格调的文化特色。规划的工作内容如图4-9所示。

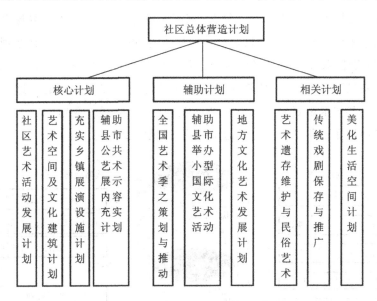

图 4-9　社区公共艺术规划相关内容

1)公共艺术资源调查

(1)对公共艺术资源及居民艺术需求与偏好进行调查,公共艺术资源包括公共艺术品、公共艺术设施、艺术产业、艺术家及艺术氛围五个部分;(2)建立社区公共艺术资源的数据库,包括社区历史、前人事迹、公共艺术历史遗存。

2)建立协商参与的行动原则

(1)与居民沟通、协调演讲会和研讨会,其目的在于宣传社区总体营造的概念,凝聚共识,共同参与重建社区工作;(2)举办社区公共艺术活动,构建社区公共艺术团体,使展演活动、选拔活动、社区文艺团体演出与社区总体艺术空间的营造相结合。

3) 公共艺术空间营造

（1）营造地区特有文化艺术产业与商业街,着眼于将艺术植入地方产业,提升地区的产业特色和经济活力;（2）建立社区形象标识与识别体系,鼓励将社区营造理念传达给社区居民。识别体系包含社区视觉识别体系以及社区音乐、地方戏剧和其他有助于社区形象建立的创造性活动。

台湾地区所推行的社区总体营造计划,基本上是源自社区本身自主性的公共艺术建设模式,政府只是在初期提供各种引导和示范,并且在理念推广、经验交流、技术提供及经费方面提供相应的支持。城市公共艺术规划在不同空间尺度上的运用,所涉及的范畴和关注的重点是不同的。这些领域的城市公共艺术规划之间具有密切的关联,不同层面的规划构成了城市公共艺术规划在不同空间层面上运用的体系(见图 4-10)。

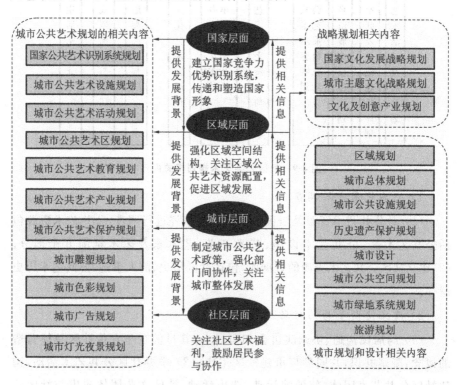

图 4-10 不同层级的城市公共艺术规划的内容

4.6　城市公共艺术规划的专项规划

回顾历史,艺术理想始终是城市规划发展的动力之一,推动着城市公共艺术规划与城市规划间几经分合,分别形成了各自的工作领域,并形成相互合作、相互制约、相互促进的关系。在我国,尚未形成完整的城市公共艺术规划体系,相关实践内容散落在城市雕塑规划、城市设计、历史遗产保护规划、文化规划以及文化设施规划之中,表现为你中有我、我中有你的零散状态。在城市公共艺术整体发展的背景下,现有的实践并不能涵盖城市公共艺术规划丰富的内容。不同城市受到发展阶段等客观因素的制约对规划的需求也有所不同,会面临遗产保护、艺术产业发展、城市面貌提升等问题。目前的城市规划体系难以实现城市公共艺术和城市发展的互动及艺术和城市规划的关联。城市公共艺术规划必须梳理与其他规划之间的联系及概念之间的差异,从现有城市规划体系中挑选与城市公共艺术相关的内容,了解现有城市规划体系的缺失,形成对城市公共艺术规划的整体性认识。将这些分散的规划内容进行整合,依据规划内容的不同,城市公共艺术规划可分为不同的专项性规划。

4.6.1　历史遗产保护规划与城市更新

历史遗产保护规划与城市更新(以下简称"保护与更新")和城市公共艺术的联系甚为紧密。艺术性以及艺术价值一直都是保护与更新的价值标准指标,而公共艺术的实践则一直作为保护与更新的发展动力。随着保护与更新的实践范围的扩展,大量城市公共艺术作为物质和非物质遗存得到保护,其内容、实践与价值的融合都为历史遗产保护规划的实践奠定了坚实的基础。

1. 保护与更新中涉及的艺术性问题

西方艺术的保护与更新的发展历程从总体上分为两个阶段。

第一阶段是由文物修复转向于历史保护综合价值的评价。保护的思想诞生于 18 世纪知识精英们发起的历史遗产保护运动，从最初的实践来看，保护主要着眼于艺术性构图的完整和风格的纯正，模仿过去以实现其作为艺术品的完整性。随后在 19 世纪的欧洲城市艺术化过程中，逐渐转向于保护遗产的原真性，以及对之前修复性破坏提出批评。艺术史家们在选择抛弃历史主义的同时转向寻找历史遗产艺术价值的论点，如艺术史家里格尔将纪念物的价值定义为一种综合的价值，包括历史价值和艺术价值。

（1）历史价值：每个艺术品都是历史的纪念物，纪念物身上包含着我们要寻找的"信息的价值"（informational value），即关于祖先生活的知识和存在的信息；

（2）艺术的价值：每个历史纪念物都有艺术纪念价值，每一个纪念物内部都符合他提出的一个重要概念，即"造型意志"（will to form）或"艺术意志"（will to art）。

第二阶段，城市历史文化遗产的保护工作在战后重建中变得异常紧迫，"二战"后大量的文物建筑随着战争的废墟被一并清理或草率地重建起来。建筑和城市建设的保护与更新被市场机制所控制，艺术被排除在外，经济和社会被推向了前台，艺术丧失其"反动的"功能，高雅文化艺术和体制艺术成为精英们独享的"禁地"。艺术在被压制的情况下逐渐回到它历史的原点。20 世纪 70 年代的保护思想发生了第二次转变，即城市艺术由精英独享到大众共享的转变。如周宪在《审美现代性批判》一书中说："保护价值的主体转变为大众，他们的价值标准更多的是大众的审美取向与实用的使用价值（经济价值），历史保护开始与大众的生活结合起来，并且与社会复兴紧密联系在一起，同时，城市历史遗产保护运动的艺术探索（审美现代性）也借鉴了当代艺术的各种实验成果和观念，在对现代主义反思的基础上有了进一步的发展。"关于保护与更新的争论焦点逐渐由艺术性构图、艺术性价值转向于城市更新和城市再生，例如 20 世纪 80 年代中期美国巴尔的摩港（Baltimore）的复兴、旧金山的渔人码头项目，20 世纪 90 年代伦敦道克兰地区的再生、英伦三岛其他码头仓库的再生。破败的产业建筑被转变为博物馆、艺术馆、音乐厅、影剧院、画廊等文化艺术机构,当代艺术家、建筑师、规划师通过城市的文化政策以及公共艺术规划、城市设计、城市规划的联结,引入商业开发、社会参与,使众多历史地区的经济、社会生活得到复兴。

2. 国内保护与更新中的公共艺术内容

从国内的实践和研究来看,城市公共艺术作为一种特殊的历史遗存,已大量存在于保护与更新的内容中,相关的规范也反复强调保护对象的艺术性价值,实践过程中艺术家的作用也越来越重要。但相关实践和规范中并未涉及公共艺术的专门内容,对艺术性的价值也没有进一步规范,这些都导致保护与发展之间的矛盾日益突出。

首先,保护与更新内容中包含丰富的城市公共艺术的内容,以实物的形式出现的历史遗存成为规划的重要保护内容。如《历史文化名城保护规划规范》(GB 50357—2005)中将文物古迹(historic monuments and sites)定义为"人类在历史上创造的具有价值的不可移动的实物遗存,包括地面与地下的古遗址、古建筑、古墓葬、石窟寺、古碑石刻、近代代表性建筑、革命纪念建筑等"。物质文化遗产保护与更新的内容近年逐渐扩展到非物质文化遗产领域,如联合国教科文组织在《保护非物质文化遗产公约》中将非物质文化遗产(intangible cultural heritage)定义为"被各群体、团体,有时为个人所视为其文化遗产的各种实践、表演、表现艺术形式、知识和技能及其相关的工具、实物、工艺品和文化场所"。2006 年至今,我国的昆曲、京剧、皮影戏等众多非物质的表演、演奏、工艺等艺术形式被列入《世界非物质文化遗产名录》。

其次,国家规范对"历史建筑"(historic building)、"文物古迹"、"保护建筑"(candidacy listing building)的价值评估都强调其应具有历史、科学、艺术三个方面的价值。

最后,从近年来保护与更新的实践来看,城市公共艺术和艺术家的活动在其中扮演着越来越重要的角色,例如北京 798、上海 8 号桥、莫干山 9 号等历史地区和历史建筑的再生,艺术家的实践和活动起到了带头作用。这些过去衰败的地区和工业废墟都因为艺术的聚集而成为如今繁荣的文化艺术中心和城市文化名片。

3. 历史遗产保护规划的意义

面对城市整体的艺术发展、艺术潮流的更替及艺术家生活实践领域的特殊性，保护与更新在价值和内容上的缺失使得其实践和城市发展之间的矛盾日益突出。首先，后现代主义在揭示现代主义规划工具理性的种种弊病的同时，并不能很好地解决历史文化遗产保护与发展之间的矛盾。例如，随着保护的年限放宽，城市中大量的公共艺术遗存都存在艺术价值不确定的问题，而保护与更新涉及的艺术价值是由当前人们的价值判断决定的，所以城市公共艺术规划的目的是构建当代人所追求的对生存空间的无限向往，而并非成就一个艺术品的永恒。再有，当今中国的社会分层化和文化危机日益严重，从新马克思主义和全球化的城市理论的观点来看，城市历史文化遗产保护应当关注大众文化，特别是城市弱势群体在保护与更新中的位置，以及如何满足他们的需要和改善他们的物质文化生活。例如在保护与更新的过程中常常会遇到这样的问题：艺术家的聚集使得工业废弃地、历史建筑得到重新利用，历史区域重新焕发活力，但是商业的入侵会使得租金提升，进入成本提高，艺术家被迫迁离，而使得艺术区逐渐丧失其原有的公共艺术特色和价值。这些新的现象和问题都要求重新评估现有的保护与更新，限于篇幅这里不逐一展开。

历史遗产保护规划的意义就是要在现有保护与更新的实践基础上，首先从公共艺术资源的角度出发，将保护的对象与城市的整体公共艺术资源进行整合，力求最大限度保护城市的历史文化资源，处理好历史文化资源保护与城市建设之间的关系；然后，融合保护与更新和其他专项规划，通过协商参与的规划过程，为保护与更新提供新的视角和艺术性价值的判断；最后，综合当前保护和未来的城市整体文化发展需求，规划和引导更多具有前瞻性的公共艺术远景。

4.6.2 城市雕塑规划

城市雕塑规划作为城市公共艺术品规划的前身是我国自创的一个概

念,通过多年的实践已具备一定的认知度。城市雕塑是指在城市的道路、广场、绿地、居住区、风景名胜区、公共建筑及其他活动场地建设的室外雕塑。随着城市雕塑概念的扩展,原来三维的雕塑扩展到二维的浮雕壁画、临时性的装置艺术、地景艺术等,使得界定雕塑和其他艺术形式变得困难。为了区别于其他公共艺术规划的专项内容,在此将城市雕塑规划的规划对象定义为没有使用功能而专注于精神价值的公共艺术要素。

1. 城市雕塑规划的发展历程

城市雕塑规划(public sculpture planning)的定义是"将城市雕塑上升到城市规划的层面,从城市总体规划的高度、广度、深度,紧密结合并完善城市总体规划,使之成为城市总体规划中的专项规划,同时又是城市区域规划或控制性详细规划的重要配合和分项规划"。目前城市雕塑规划已成为城市规划体系中的一个专项规划,在规划的主体、规划的相关制度保障、规划的内容和实践领域方面都已初步明确。

如第一章所述,城市雕塑规划概念形成于毛主席纪念堂大型户外群雕的规划创作,成型于1982年中国美术家协会的《关于在全国重点城市进行雕塑建设的建议》,第一次将城市雕塑规划纳入官方正式文件,同年刘开渠在全国城市雕塑规划学术会议上指出,没有全面的规划和经验不足阻碍了城市雕塑发展,并提出"将城市雕塑建设纳入整个城市建设的规划",城市雕塑规划的概念被正式提出。同年6月16日,刘开渠、王克庆联名成立全国城市雕塑规划组,此即为全国城市雕塑建设指导委员会的前身,紧接着各城市雕塑规划主管部门相继成立。据统计1982年至1984年,全国各大城市先后成立了18家城市雕塑规划领导机构,由此构成了从中央到地方的城市雕塑规划的管理机构,在机构建制上确定了"两部一会"的管理体制,即由国家城乡建设环境保护部、文化和旅游部以及中国美术家协会共同领导。全国城市雕塑规划组对地方雕塑规划在具体的操作务实上起到监督和引导的作用,如决定地方雕塑规划组领导机构或艺术委员会中雕塑界专家的人选,在学术、信息、咨询和业务指导等方面给予协助,组织"全国城市雕塑优秀作品奖"的评选工作,制定相应的政策和行业规范,对地方城市雕塑重点建设项目进行审查、备案,分配和使用国家城市雕塑专项资金等。规划组通过深入宣传、全面规划,对城市雕塑进行普查以及行使管理的职能,从宏观层面统筹中国城市雕塑的发展,结束了长期无序的发展状态。

20 世纪 80 年代以后,由于市场化改革的深入,城市雕塑的投资主体和题材日趋多元化,起初城市雕塑规划在组织架构方面带有明显的苏联式的"举国体制",其目的是向广大的人民群众进行社会主义教育,表现为服从领导、自上而下、中央专款专办的特点。规划的题材多为宣扬革命历史题材、革命领导人、名人以及艺术为工农兵服务的思想,逐渐不能满足多元化需求。"两部一会"的管理体制使部门之间权责不清晰,存在"都管都不管"的问题。在实践过程中,出现相互推诿、行政力不强、法律地位不高的问题。

20 世纪 90 年代后,各城市政府和规划主管部门通过出台相关条例和规范来引导城市雕塑的建设行为,如"城市雕塑创作设计资格证书"对申请者的学历、专业、职称、实践经验等有限制。在《城市雕塑建设管理办法》中,对规划的概念、管理主体、层级、权责的分配、准入条件、工作的程序以及和城市规划的关系都做了明确的说明。1990 年 10 月 29 日建设部发出《关于建设部由城市规划司主管城市雕塑工作的通知》,正式明确了建设部规划局为城市雕塑的主管部门。

2. 城市雕塑规划的问题与困境

从目前的实践情况来看,城市雕塑规划仍然存在概念狭窄、整体观念不强、法律地位不高、责权不清晰的问题。首先,城市雕塑规划的规划对象是城市中的雕塑,而城市雕塑作为城市公共艺术中的一个子类,不能涵盖其丰富的实践内容和艺术表现形式;其次,城市雕塑规划仅仅局限于城市雕塑的空间布局以及空间形态,考虑的是空间布局、空间数量、空间形态的问题,多少带有城市形象工程的色彩,并未涉及城市文化、经济、社会发展等上位目标;最后,长期的城市雕塑规划的实践表明,规划较少涉及规划和实施的过程,包括群众的参与、部门间的协作及执行管理,规划被封闭在体制内进行,具有明显的自上而下的规划蓝图的特点,缺少公众的参与,其公共性得不到应有的发挥。

城市雕塑并不能涵盖城市公共艺术的内涵和内容,具体可从以下几个方面进行说明。从城市雕塑的概念来看,其并不能形成对城市艺术资源的整体性认识,《城市雕塑建设管理办法》中将城市雕塑定义为"室外雕塑",而公共艺术的空间概念是整体城市公共空间,因此会将室内公共空间中的诸多公共艺术内容排除在外;从艺术专业分科来看,雕塑仅仅是一个专业方向,仅限于空间的实体要素,是城市公共艺术的重要组成部分;从规划的内容来看,城市雕塑规划并没有从整体的城市文化艺术要素发展的角度出发,无法涵盖公共艺术的全部内容和艺术形式,也不能满足公众文化需求和艺术风格多元化的需要。针对以上的缺陷,国内众多学者已呼吁用城市公共艺术品规划的概念取代城市雕塑规划的概念。

目前,城市雕塑规划作为总体规划的专项规划,规划地位不高,在一定程度上限制了规划作用的发挥。一方面由于总体规划对城市具体地块的建设实施不具备直接指导作用和约束力,规划层面仅停留在少数具有标志性的城市重点雕塑建设上,而具体到地块或社区层面的雕塑建设,往往缺少约束力和引导作用;另一方面在城市文化逐渐成为城市核心竞争力的今天,作为总体规划中的专项规划并不能给总规划中关于城市公共艺术资源、艺术产业、公共艺术空间发展、空间结构、用地布局提供具有建设性的参考意见和有效的反馈。

此外,城市雕塑规划管理的主体、权责的划分及最终的实施情况并不理想,机构的设置存在条块分割的问题。西方国家公共艺术委员会一般隶属于文化部门或作为独立的第三方机构,有独立的资金来源,有自由裁量的权利,使得规划的编制、具体项目的实施具有连贯性。在国内,如深圳市,公共艺术中心仅仅作为深圳市规划局下设的二级机构;在组织架构方面,各个城市的城市雕塑委员会主任一般由规划局局长兼任,体制上的依附关系导致公共艺术委员会实为一个不是由专业人士主导的官僚机构。原建设部在1990年对城市雕塑规划工作职能和权责进行了规定："建设部规划司为城市雕塑规划工作的主管部门，负责参与拟定重大城市雕塑建设的规划、计划和城市雕塑管理的新增法规，参与组织对全国性重大城市雕塑项目的选址、布局和环境规划的审查工作。"同时《城市雕塑建设管理办法》(1993年)(以下简称《办法》)第五条对下一层次的规划管理做了进一步说明，"文化部和建设部主管全国城市雕塑工作。各省、自治区、直辖市文化厅(局)和建设厅(局、委)主管本地区城市雕塑工作。文化主管部门负责城市雕塑的文艺方针、艺术质量的指导和监督；建设主管部门负责城市雕塑规划、建设和管理"。由此可见，《办法》中文化部门仅有对城市雕塑的文艺方针、艺术质量形式指导和监督的权利，而政策的制定，整体空间的规划实施、建设和后期管理主要由城市规划部门负责，由此造成了艺术创作与规划、建设、管理的脱节，艺术理念与空间实施的脱节，众多的城市雕塑并未被当作艺术来对待，而是当成建设工程来对待。再者考虑到部门利益，城市雕塑规划、建设和管理常常让位于经济利益或服从于上位规划。以上这些因素共同导致城市雕塑整体艺术水平不高。

综上所述，城市雕塑规划作为我国土生土长的一个规划品种，其成长的社会背景和我国渐进式改革以及城市化水平是分不开的。在长期的建设实践中，尤其在城市雕塑等城市公共艺术品的建设引导方面，规划都扮演了重要的角色。作为专项规划的形式与现有城市规划体系的结合，城市公共艺术规划操作体系已初步形成(见图4-11)。只要对其稍作改良就可以作为城市公共艺术规划的基础和平台。在现有城市雕塑规划的平台基础上，扩展概念内涵及其内容，提升其法律地位，完善其制度法规，构建多层次的空间体系，并加强部门间的专业合作，为城市公共艺术规划的实施提供相应的保障。

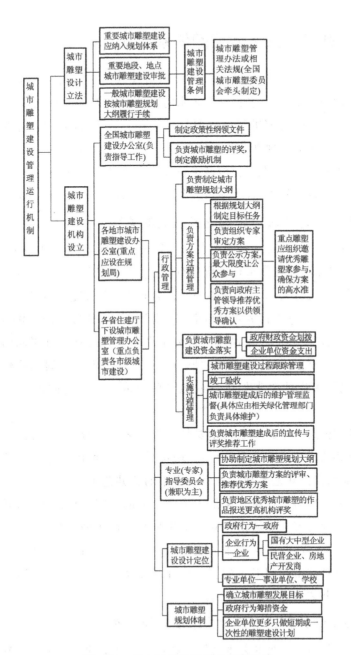

图 4-11　城市雕塑建设管理运行机制

4.6.3 城市公共艺术空间体系规划

从产生的背景来看,现代意义上的城市公共艺术规划和城市设计都产生自 20 世纪 60 年代,二者都具有艺术的背景,都是从艺术性的角度出发,对现代主义综合理性规划进行环境美学和艺术上的补充,城市设计的确在很大程度上履行了城市规划的艺术性职能。因此有人提出城市设计就是城市公共艺术规划的观点,在此比较城市设计和城市公共艺术规划的异同,总结城市设计艺术性的缺失,提出城市公共艺术空间规划的专项性内容。

1. 城市设计和城市公共艺术规划的关系

关于城市设计的定义,《中国大百科全书·建筑、园林城市规划卷》中指出"城市设计是对城市体形环境所进行的设计"。另外,《简明不列颠百科全书》提出"城市设计是对城市形体环境的合理的处理和艺术安排"。从上述定义来看,城市设计的任务是城市空间形体的设计,其目的是美化城市空间环境,提升城市空间的艺术品质。自诞生之初二者就有各自明确的工作内容,如培根在《城市设计》中指出:"城市设计主要考虑建筑周围或建筑之间的空间,包括相应的要素如风景或地形所形成的三维空间的规划布局和设计。"

而城市公共艺术诞生之初主要是偏重于艺术家救助、城市的艺术福利与城市公共艺术项目的建设。可见,城市设计是把城市当作一件艺术品进行设计,而城市公共艺术规划是将城市中的公共艺术资源视作一个整体对其进行规划。城市设计主要偏重于物质层面的空间形体的组合,其中也包含公共艺术的要素。而城市公共艺术规划则专注于城市公共艺术资源,包括空间的布局、规划行动、艺术的主题等内容。综上所述,城市设计的艺术性指的是处理城市空间形态的艺术设计而非城市艺术领域的发展,而后者正是城市公共艺术规划所关注的。

2. 城市设计和城市公共艺术规划的协作

城市设计与城市公共艺术规划二者在艺术性上的差异是各自独立存在的基础。在实践方面,城市设计在一定程度上履行了引导城市公共艺术空间建设的职能。经过数十年的发展,西方已逐步形成了区划管制、城市设计管制,以及城市公共艺术规划指引与评审三者有机结合的规划管理体系。通常在区划管制的基础上,对城市局部地段和重点地段开展城市设计工作,并通过制定城市设计导则对城市空间建设行为进行引导与控制。对于城市设计中涉及公共艺术的内容,城市公共艺术规划指引可给予相应的指导,城市公共艺术委员会对城市中的公共艺术项目具有审批权,作为开发主体获得城市开发许可的一个环节。故此,城市设计和城市公共艺术非但没有相互取代,反而使各自的工作领域更加清晰,并形成了密切协作的关系(见图 4-12)。

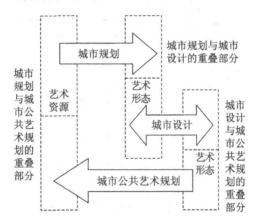

图 4-12 城市公共艺术规划和城市设计、城市规划的关系

从国内的实践状况来看,自引进西方城市设计至今,城市设计已逐步与我国的城市规划体系融合,部分城市已将城市设计的内容融入城市规划的各个阶段,例如深圳市的"双轨制"城市设计体系(见图 4-13),在总规和控规阶段运用城市设计的方法和理念,对城市空间组织、用地布局、城市功能等方面进行优化,并在城市景观设计、城市公共艺术规划等方面提出城市设计的要求;在修建性详细规划层面,城市设计在总规和控规指导下,着重对城市局部地段及重点地区的建筑空间形态、视觉廊道、步行系统、公共空间、公共艺术等进行整体性的空间设计,并根据城市规划管理的需要对具体内容和深度进行细化和调整。城市设计的编制成果和内容已成为总规和控规成果的重要组成部分,通过将设计成果转化为对建筑和城市空间建设控制的

管理文件,在城市建筑布局方式、群体的形象、色彩、体量、材质、公共艺术等
方面起到了引导和控制的作用。

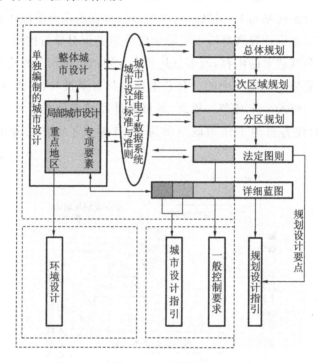

图 4-13　深圳市"双轨制"的城市设计体系

3. 实践中存在的问题

　　虽然城市公共艺术作为城市空间要素被纳入城市设计的要素之中,但
是公共艺术在城市设计的实践情况并不理想。首先,城市设计的法律地位
不高,在《中华人民共和国城乡规划法》中并未提及城市设计的内容,城市公
共艺术缺少空间实施的法律基础。然后,由于二者都具有较强的综合性,都
涉及社会、经济、政治的方方面面,相对于建筑群体组合、道路交通、安全与
生态等方面的问题,公共艺术的形态问题处于次要的地位。最后,城市公共
艺术作为一种特殊的空间形态和专门的实践领域,只有从城市公共艺术空
间和资源全局性角度出发,联系城市公共艺术的整体性目标,才能使各个部
分达到最优。

有学者如洪迪光通过研究台北市 600 多个城市设计项目的审议内容准则,归纳出城市公共艺术是城市设计的九大价值观之一。另外,城市公共艺术中艺术设施、艺术环境、艺术品等都包含了艺术家的创作以及艺术语言的表达。这些难以量化的内容应当通过强化城市公共艺术规划的引导作用以及城市公共艺术委员会的专业职能,整合到城市设计的过程中。如台安医院医疗大楼新建工程的城市设计审议案(第 2 次委员会议)就对医院建设中的公共艺术部分提出意见:医院前方之树雕作品,系多数市民共同记忆,具有深刻的历史意义,并显现院方尊重环境之用心,应予肯定,另有关公共艺术部分,则请设计单位配合敦化南路公共艺术廊道意象酌予设置,其手法非仅加做实体物品之设置,亦可采用其他方式表达艺术观念。再如台北市铁路地下化东沿南港工程南港车站的城市设计审议中,要求有关公共艺术设置程序应与城市设计整体作业相结合,于申请建筑使用执照前,提送公共艺术审议委员会审议。

4.6.4　城市公共艺术设施规划

1. 城市公共艺术设施规划的定义和内容

城市公共艺术设施规划包括城市公共设施的艺术化和城市公共文化设施中与艺术相关的要素两部分内容。为提升城市艺术品位,实现城市精细化建设,以及满足居民艺术审美的需求,通过艺术家的介入将艺术创作与城市公共设施相结合。城市公共艺术设施作为城市微观要素,广泛地存在于城市公共空间中,无处不在又与市民生活息息相关。如英国和德国对城市环境设施进行了分类(见图 4-14),包括交通设施、照明设施、安全设施、休息设施等[英语为"Street Furniture"(街道家具)或"Urban Element"(城市元素)]。

公共文化设施主要是与城市用地相对应的城市公共文化设施用地中与艺术家活动有关的内容,如《公共文化体育设施条例》中规定:"公共文化体育设施,是指由各级人民政府举办或者社会力量举办的,向公众开放用于开展文化体育活动的公益性的图书馆、博物馆、纪念馆、美术馆、文化馆(站)、体育场(馆)、青少年宫、工人文化宫等的建筑物、场地和设备。"其中部分设施作为艺术和艺术家展览、交流和保存的场所设施,并且向社会公众开放,如艺术馆、博物馆、美术馆、文化宫等(在下文中统称城市公共艺术设施)。

High mast lighting (高柱照明)
Lighting columns DOE approved (环境保护机关制定的照明)
Lighting columns group A (照明灯A)
Lighting columns group B (照明灯B)
Amenity lighting (舞台演出的照明)
Street lighting lanterns (街路灯)
Bollards (矮柱灯及护栏)
Litter bins and grit bins (防火砂箱)
Bus shelters (公共汽车候车亭)
Outdoor seats (室外休息椅)
Children's play equipment (儿童游乐设施)
Poster display equipments (广告塔)
Road sign (道路标志)
Outdoor advertising signs (室外广告实体)
Guard rails,parapets,fencing and walling (防护栏、栏杆、护墙)
Paving and planting (铺地与绿化)
Footbridges for urban roads (人行天桥)

Floor covering (地面铺装)
Limits (路障、栅栏)
Lighting (照明)
Facade (裱装)
Roof covering (屋顶)
Disposition Obj. (配置)
Seating facility (座具)
Vegetation (植物)
Water (水)
Playing object (游具)
Object of art (艺术品)
Advertising (广告)
Information (引导问询处)

Sign posting (标识牌)
Flag (旗帜)
Show-case (玻璃橱窗)
Sales stand (售货亭)
Kiosk (电话亭)
Exhibition pavilion (销售陈列单位)
Table and chairs (椅和桌)
Waste bin (垃圾箱)
Bicycle stand (自行车停车架)
Clock (钟表)
Letter bos (邮筒、邮箱)

图 4-14　英国和德国城市的公共环境设施分类

2. 城市公共艺术设施规划的实践历程

城市公共艺术设施规划可以追溯到 1985 年,洛杉矶重建局在洛杉矶奥运会之后,将原有的城市公共艺术规划方案扩充为政策法规,通过拟定"艺术在公共场所"的政策,扩大了公共艺术百分比法案的范围,分为三种不同方式,包括公共艺术计划、公共艺术设施和公共艺术信托基金。公共艺术设施已将诸多城市设施包含其中,这些设施包括艺术馆、博物馆、文化建筑、候车亭、地铁站设施、公共座椅、指示牌等,将公共艺术视野扩大到城市的诸多方面。而"文化信托基金"更是由洛杉矶独创,这部分资金由重建局代为统筹运用,其方案必须由重建局与社区委员会协同审核,以上策略与实施则是民众参与和民主社会开放作风的具体实践。

在巴塞罗那以奥运为契机的城市改造进程中,巴塞罗那当局在市区范围内选择近百处场域和节点,并根据场域要求采用不同的委托方式,既有横向机制下的团队互补,也有邀请、委托世界级艺术家的创作。一些较大的场域都是由城市委员会委托设计,即使是邀请艺术家创作,也充分尊重艺术家选择场域的权利。此外,城市家具、设施的设计过程也反映了巴塞罗那艺术介入空间的创新精神,无论是汽车站、座椅、道路隔离系统,还是公共空间的娱乐设施等,巴塞罗那都提供了优秀的城市设计理念与实践。

西雅图的城市公共艺术设施规划——"艺术的公共空间",旨在将公共艺术设施作为艺术介入空间的媒介,让艺术的目的及作用延伸到城市的公共设施领域。如1984年,西雅图地铁协会批准划拨总经费中的150万美元用于西雅图市中心交通艺术项目预算,这是西雅图市政府第一次将项目预算的一部分用于公共交通的公共艺术。一年后,5位艺术家与建筑师共同设计了一段1.5英里长的新市政巴士隧道(1英里约为1609.34 m),该路段共设有5个站台。从20世纪90年代中期开始,西雅图公车路线上的候车亭变成了一座座内容与风格殊异的城市艺术候车亭。

3. 我国城市公共艺术设施规划的背景

从我国城市公共艺术设施规划发展的历史来看,在诞生之初的20世纪50年代,那一时期的规划仿照苏联的社会主义计划经济模式,政府的责任是为城市居民提供必要的生活服务及文化生活保障。当时的规划以提供与教育相关的文化设施为主,如幼儿园、小学等教育设施。进入60年代,顺应市民的需要和时代的变化,在规划中逐渐增加了文化宫及社区的文化站等设施,虽然此时的规划目标已由文化教育转向城市文化生活,但是具体内容仍然以普及基本文化知识和体育活动为主,且覆盖面较小。20世纪70年代,国家建委逐步出台相应规范,如根据城市人口,以千人为单位配备文化设施,逐步实现量化管理,公共艺术设施在数量上有了明显的增加。80年代后,随着经济体制改革,社会阶层逐渐分化,市民对文化的需求量开始增加,层次要求不断提高,需求呈现出多元化特征。一方面规划的内容逐渐丰富,如城市公共文化设施分类中新增艺术馆、美术馆等公共艺术设施的内容;另一方面规划建设的主体也由原先单一的政府及"大院"供给,逐渐扩展到市场与政府合作、公益性与营利性共存的多元模式。

4. 我国城市公共艺术设施规划的问题

从目前城市文化设施规划的实践层次来看,城市公共艺术的发展存在以下一系列问题。

(1)部门协作水平不高,文化设施规划由文化部门编制,而实施及编后的行动以城市规划部门和建管部门为主,部门间存在条块分割,对于土地的开发缺少约束机制，往往在实施的过程中让位于市场。

（2）从规划的过程来看，一方面，规划主体在长期计划经济模式下形成了"重生产、轻生活"的思维惯性，加上规划沿用了传统城市规划自上而下、精英式规划的固有模式，仅通过简单的计算和定量的方式，用人口的数量来决定公共艺术设施的供给。另一方面，城市公共艺术的投资主体和需求都呈现出多元趋势，如果对人口的构成、社会成员的艺术需求缺少必要的调查研究，对需求缺少有效的预测，将不能有效提供供给，从而造成资源的闲置或浪费。

（3）从公共设施规划的分类来看，目前城市规划中如《城市居住区规划设计规范》《城市用地分类与规划建设用地标准》对城市公共艺术设施的分类过于宽泛，对具体的用途和功能没有明确定义，常常发生位置、性质和总量缩水的现象。

（4）城市公共设施主要从物质功能要素出发，偏重于具有实际使用功能的公共文化艺术设施，较少涉及具体地块的公共艺术的内容，尤其是那些和居民生活密切的公共艺术设施成为规划的盲区。

（5）从城市公共艺术设施的空间分布状况来看，当下城市公共艺术设施空间分布的依据主要是通过空间的可达性进行确定，以此反映目标使用者到达的平均时间和距离。但是由于不同的社会阶层出行方式存在差异，优势人群有能力选择多元的交通形式来缩短获得这些公共资源的时间，而城市中的弱势群体只能被动地选择降低舒适性和出行效率的公共交通方式，致使规划严重地偏袒优势人群，从而使得其公共性受到损害。另外，针对城市不同层级，如市级、区级、小区级的城市公共艺术设施缺少统筹，重复建设现象严重。

城市公共艺术设施规划的规划对象一般为带有公益性的公共艺术设施，如博物馆、艺术馆、展览馆、美术馆、影剧院、演出场所及文化公园等。规划对象的功能主要是为艺术家提供创作和作品展出的专门的空间和场地。数量、人均占有量、种类、规模、选址布局及使用评估、资金支持等是城市公共艺术设施规划关注的重点。厦门市在2006年制定了城市公共艺术设施布局的规划,并提出公共艺术设施的发展目标是既能满足开展大型文化艺术活动的需要,又能满足市民群众日常文化生活需要。规划将厦门市公共艺术设施体系建设分为市级艺术中心、区级艺术中心、社区艺术设施和镇级艺术设施四个级别,对市级和区级的公共艺术设施进行了定性分析研究,提出了博物馆、演出场所、展览馆、文化馆、文化广场等设施的远期和近期规划建设,并给出了社区艺术设施和镇级艺术设施的人均用地和人均建筑面积的指导性指标。

4.6.5　城市色彩规划

城市公共艺术色彩规划与以往的城市色彩规划不同,不同之处在于城市公共艺术色彩规划将处于城市公共艺术背景的建筑物色彩、广告招牌色彩、夜景照明色彩、标志标识色彩、公共设施色彩、街头小品色彩、道路铺装色彩等视作一个整体,并在规划中更强调艺术家的作用,将艺术家的色彩艺术语言和科学方法结合在一起。

1. 国内城市色彩规划实践

城市公共艺术色彩规划是指对构成城市公共艺术的色彩环境的一切色彩元素的综合研究规划。目前国内有许多城市都在开展城市色彩规划工作,如天津城市色彩规划将规划分为城市色彩调查、问卷调查及心理评价、城市色彩总谱及城市主色调的确定三个步骤;再如杭州城市色彩规划将规划分为规划准备、规划调查、远景构建、成果编制和实施监控五个阶段(见图 4-15)。

2. 实践中存在的问题

随着城市色彩规划的实践项目增加,现有的城市色彩规划中存在的一些误区也逐渐显现出来。

其一,用科学理性的方法采集、分析城市色彩并不能获得整体的和真实的城市色彩。关于色彩科学有多种解释,但没有一种能解释出自然界的原有色彩现象。虽然在科学上,这种解释是真理,但对艺术家来说几乎是无用

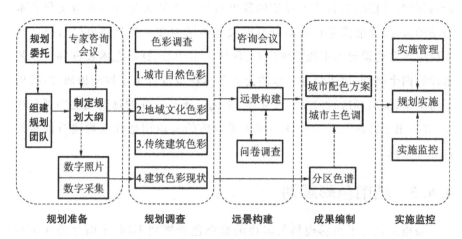

图 4-15　杭州城市色彩规划的工作步骤

的,"艺术家只能用直观的艺术语言来解释色彩"。

其二,通过科学采集的办法,获得的城市色彩仅为现实中客观存在的颜色标号,这种未经过组织和调和的色彩并不能反映城市色彩的整体性关系。中国美术学院宋建明教授将其与绘画艺术的原理作比较,"绘画能较好地起到协调和平衡人眼感知与内心需求的作用,利用色彩调和的原理将整体的色彩呈现于画面,而不是追求每个颜色的准确性"。而现有的规划城市主色调的做法显然没能尊重城市色彩是历史形成的事实及居民的愿望。

其三,西方的规划方法往往针对有历史色彩基础和积淀的城市,而对大量的新城建设并没有参考性。事实上,城市的主色调是其在历史进程中形成的,片面地认为城市色彩规划能够给定城市一个主色调,用以指导城市建设是不切实际的。城市色彩规划只能在调研工作的基础上,利用色彩的原理将在历史进程中与之不相容的杂色去掉,然后通过艺术家的创造以及造型艺术的虚拟手段,描绘出城市色彩的远景,进而通过与规划管理部门、开发商、公众的沟通,推导出一个为公众所接受的城市色彩远景。

3. 城市公共艺术色彩规划的提出

艺术是色彩的基础,而色彩感觉是激发艺术家创作的内在动力。艺术家通过掌握色彩关系和色彩规律来表达艺术思想,运用色彩心理来表达艺术情感。由于色彩对于艺术的重要性,色彩构成作为艺术院校课程的三大"构成"之一。城市公共艺术色彩规划更强调艺术家的创作与科学的规划方法相结合,将艺术家描绘的城市远景与公众的需求相结合,将历史的色彩积淀与当代人的生活相结合。

4.6.6　城市公共艺术区规划

城市公共艺术区规划是针对城市公共艺术资源相对集中的地区,或者文化及艺术创意产业集聚地区的规划设计。城市层面的公共艺术规划通常要考虑城市范围内城市公共艺术区体系的构建,例如伦敦 10 个创意节点(creative hubs)的规划,其选址布局、与城市周边地区的关系是规划考虑的重点。而城市公共艺术区本身的规划设计则更多地考虑地区内艺术的氛围、艺术的生产与艺术的消费空间的组织模式。前者是对艺术生产的空间、交通组织、配送与销售等方面的考虑,而后者则更多的是考虑空间适宜性、新建公共艺术设施同原有历史文化资源之间的关系、公共交通与步行交通流线、服务设施(诸如酒店、餐馆等)的接待能力和空间布局等方面。

许多城市都以创建艺术特别区的方式来带动艺术、文化设施集中的市中心地区或邻近市中心地区的发展。艺术特别区既是艺术活动的发生器,也是经济活动的发生器。区内的艺术设施用来吸引顾客,营利性的设施用来获得经济上的回报。这些不同功能的结合,目的在于赋予整个特区一种特别的认同感和高品质的公共形象。

案例:西九龙文娱艺术区(West Kowloon Cultural District)

香港西九龙文娱艺术区的规划被誉为香港最重要的项目之一,面积 40 公顷的西九龙被誉为香港最后一块滨海地。艺术区始于 1996 年香港地区政府提出的"把香港发展成亚洲的文化艺术中心"的构想。随后政府希望此项目能加强香港作为亚洲文娱中心的地位,实现香港文化、艺术、经济、生活方面的再发展,亦提出要营造有利环境,巩固香港的亚洲国际都会地位,从而吸引世界知名艺术家和各地游客来港,以及通过协助本地艺术家提升艺术水平为艺术家提供多元化的活动,提升市民欣赏水平,丰富市民文化生活,从而丰富香港现有文化艺术设施,促进香港的长远文化发展。

1）资源调查

规划开始之初,香港地区政府委托各个部门展开一系列的调查研究和咨询,包括对全港现有公共艺术设施、资金的投入、市场需求、艺术政策等进行全盘梳理。如规划署的《文化设施需求及制定规划标准与准则的研究》(1999 年);旅游协会的《香港新建艺术场馆的可行性研究》(1999 年);康文署的《有关在香港提供区域/地区文化及表演设施的顾问研究》(2002 年),《文化委员会政策建议报告》(2003 年)等。在研究文件的基础上,确定把西九龙文娱艺术区发展成为世界级的艺术、文化、娱乐、商业区,并提出一个详细而具体的项目清单,包括:①1 座剧院综合大楼,内设 3 间剧院,分别可提供最少 2 000 个、800 个和 400 个座位;②1 个演艺场馆,提供最少 1 万个座位;③由现代艺术馆、水墨艺术馆、电影艺术馆和设计艺术馆组成的艺术馆群,总实用运作楼面面积最少有 75 000 m²;④1 个艺展中心,实用运作楼面面积最少有 10 000 m²;⑤1 个海天剧场;⑥最少 4 个广场。

2）空间规划

在之前资源调查的基础上,2010 年西九文化区管理局邀请全球三家顶级的设计机构参与规划设计。经过一年时间,三家设计单位分别从艺术区的空间远景出发提出了各自的规划概念。英国"Foster＋Partners"事务所提出"城市中的公园"的概念,中国香港的许李严建筑事务所提出"文化经脉,持久活力"的概念,荷兰 OMA 的库哈斯提出"文化新尺度"的概念,各规划方案如图 4-16 所示。三个规划概念在整体城市哲学上都趋于谨慎,并珍惜那些传统城市中的成功经验,如对街道网络、公共空间、绿化空间和城市肌理的爱护,用公共艺术设施组织城市空间,包括临近佐敦的视觉艺术村、滨海的剧场村,以及实验剧场、影剧院、公共剧场、艺术馆、博物馆等,都强调城市外部空间的整体性和连续性要比独立的地标建筑更为重要。

3）行动规划

规划团队分别由管理团队和咨询团队组成。管理团队由规划署、康文署、西九文化区管理局组成,咨询团队由艺术委员会、旅游协会、文化艺术界

图 4-16 西九龙文娱艺术区概念规划方案

人士组成。香港地区政府于 2006 年 4 月成立西九龙文娱艺术区核心文化艺术设施咨询委员会,下辖三个小组,负责重新审视西九龙文娱艺术区内的核心文化艺术设施的需要,以及发展和营运设施的财务要求。2007 年 9 月,香港地区政府通过 3 个月的公众活动,并向咨询委员会征求意见,于 2008 年 2 月向立法会提交条例草案,以成立法定机构——西九文化区管理局,负责推行西九计划。西九文化区管理局条例在 2008 年 7 月 11 日由立法会制定。同时,立法会将一笔拨款(216 亿港元)交予西九文化区管理局以发展西九龙文娱艺术区。

　　由于项目关注程度较高,规划的过程严格按照操作的程序执行,并且向社会公众公开。通过多轮方案征集,以及通过公众咨询听取各方意见,宣传规划让公众深入理解，西九文化区管理局收集意见后优选方案，并进行可行性评估，最后通过表决。2011年3月，西九文化区管理局选择了"Foster＋Partners"事务所的"城市中的公园"设计概念作为基础方案，于2011年年底完成发展大纲图则，并且提交给城市规划委员会，至此，西九文化区规划进入法定规划程序。

4.6.7 城市公共艺术活动规划

城市公共艺术活动规划主要是针对城市或社区层面的文化艺术活动开展而制定的规划，特别是针对一些文化节、电影节、音乐节、艺术展会以及一些大型艺术活动等，一般可分为固定性活动和偶发性的艺术活动。固定性活动为固定的城市举办的周期性的艺术活动或直接以城市命名的艺术活动，如奥斯卡颁奖礼、柏林电影节、威尼斯双年展、上海国际艺术节等。偶发性的艺术活动每年都会选择在不同的城市举行，例如"欧洲文化年""同一首歌"等。从实践来看，城市公共艺术活动规划主要关注的是活动组织、资金筹集、与城市发展互动及综合效益产出等方面。

案例：威尼斯双年展（Venice Biennale）

文艺复兴之后，威尼斯成为当时欧洲的工商业中心和艺术中心。然而，随着18世纪拿破仑入侵和其他资本主义国家的兴起，威尼斯出现了衰落的迹象。1894年首届威尼斯双年展的推出，意味着威尼斯开始从艺术入手，重新争取面向世界的发言权。1948年，毕加索、康定斯基、米罗、达利和蒙德里安等一批划时代艺术巨匠的参与，把威尼斯双年展推向了世界当代艺术的最前沿。1973年之后，威尼斯双年展进一步改组，1975年增设了国际建筑双年展，1998年，意大利政府立法承认威尼斯双年展的法律地位，将之列为国家级组织。目前，威尼斯双年展涵盖了艺术、音乐、舞蹈、建筑、戏剧、电影、历史文化七大主题（见图4-17）。它与巴西圣保罗双年展、德国卡赛尔文献展并列为世界三大视觉艺术展。由于双年展和其他文化活动，意大利始终保持着文化大国、创意大国、设计大国的地位，它在视觉艺术、设计等许多领域引领着世界的潮流。

图 4-17 威尼斯双年展七大主题

威尼斯双年展的成功经验可以总结为以下几点,作为城市公共艺术活动规划的有益参考。

首先,双年展活动规划以资源要素为基础,整合资金、政策、社会资源等多方资源,注重活动的综合性价值。在经济投入方面,以政府投入为主,与非营利组织及民间赞助相结合,政府对威尼斯双年展的投入一般都在全部经费的一半以上。例如,2010 年建筑双年展的经费一半由政府负担,另一半则是民间基金的赞助,并接受一部分民间赞助。在政策和主体性资源方面,双年展的最高决策机构由董事会组成,主要成员包括意大利国家文化部、威尼斯市长和所在大区首长。双年展集中整个城市的优势,让政府和社会机构、艺术家、学者、企业、公众共同形成合力。作为一个公益性的活动,威尼斯文化产业、旅游业、商业与双年展的关系并不是直接依附关系。由于双年展是一个城市高端文化的代表,威尼斯形成了一个健全、可持续的双年展产业结构,这个结构呈现出从商业、旅游业、服务业、文化娱乐业、艺术收藏业依次升高的金字塔形态。双年展是非商业的,但它处在这个产业金字塔顶端。

其次,双年展活动规划立足于城市的长远发展和核心问题。自创办之初,威尼斯政府就给予了高度重视,并且有意识地将这一高端的艺术展会活动和城市的长期发展联系在一起,使得这个古老的城市在全球化的时代扮演国际艺术领袖、文化领袖的角色。双年展实时的转变战略,使其在100多年历史中经久不衰,并且逐步延伸为包括建筑、电影、音乐等多个领域的综合性文化活动。这些不同类别的展览交织、融合在每年的各个月份之中进行,长远和多元文化的发展使双年展处在当代文化艺术最前沿的位置,影响国际艺术发展进程和未来走向。

最后,活动规划注重活动组织的建设以及各个层面的合作。威尼斯双年展在资金筹措的管理、品牌运营和推广、执行团队建设和更替、展览作品评审、策展人的遴选、展览的宣传和推广等方面都有成熟和具体的制度,以保障其稳定、健康地发展,形成巨大的品牌效应,在国际间产生持续放大的影响力。例如,2009年就有77个国家参与到威尼斯双年展的活动中。另外,双年展的组织架构由董事会、执行机构、评审委员会和独立策展人团队四大版块组成。组织运行机制完善,无论展览怎样发展和变化,它在处理展览的各项具体事务方面都有章可循,都有相对成熟稳定的应对措施和方法。

5 城市公共艺术规划的现状调查

城市公共艺术规划是从城市的整体性角度出发,建立在对城市整体要素的认知之上。由于城市公共艺术是设置在城市公共环境中的,势必受到其外部环境的影响,而这个外部环境的背景是由众多要素组成的整体的城市,包括内在的、外在的、显性的、隐性的多个方面,还包括涉及其中的各方利益的主体及影响到参与协作的全过程。

为了提高城市公共艺术规划过程中辨析和发现问题的速度,提高规划行动的效率,在规划之前必须全面地掌握和分析规划相关资源要素,城市公共艺术规划相关资源要素主要分为外部资源要素和内部资源要素。其中外部资源要素包括现有的法规政策、历史文化背景、发展现状及周边环境要素;内部资源要素包括城市公共艺术本身所具备的艺术性要素和主体性要素,以上两个方面的内容将是本章重点讨论的内容。

5.1 外部资源要素调查

5.1.1 现有的法规政策

城市公共艺术规划作为一种社会实践活动,为了实现预期的目标,使参与的主体能够形成共同的意志,使之规范化、秩序化,在规划和行动的过程中产生了诸多的法律、法规及相关的行业规定,这些规则涉及相关的行业规范,同时也涉及政府部门的硬性规定甚至法律层面的条文。只有将城市公共艺术规划置于一定的规则中,才能保证行政具有法理的基础、行动具有规范的作用,相应的权利才能得到保障。城市公共艺术规划行使的权利和义务一方面以与自身相关的规则作为保障，另一方面对于作为城市规划有机组成部分的城市公共艺术规划，现行的城市规划法以及相关的专业法律、法规、行业规定以及行为规范都可以作为其法制建设的基础以及规划行政、有效实施的保障。

1. 法律法规

法律作为城市社会运行过程中最具权威性的规范形式，对城市公共艺术规划的所有行动都具有最强的规范作用。正是处于这种社会运行环境中，规划行政才有法理作为基础和保障。作为一种城市社会空间控制手段的城市公共艺术规划，只能行使法律所规定的相应的权利。

在我国城市公共艺术规划尚不具备法定地位，相关法律法规还在建设中。近几年的实践过程中，各地依据实际操作的需要制定了相应的地方法规和规定及管理办法。作为规划管理和规划行政的依据，如 1992 年台湾地区的《文化艺术奖助条例》及《公共艺术设置办法》；1996 年深圳市南山区政府确立了国内首个艺术百分比的政策，规定从公共建设的总资金中拿出 3%用于艺术品的建设和创作；2010 年深圳市南山区政府、文化局颁布了《南山区文化艺术活动资助实施细则》及《南山区扶持非国有博物馆暂行办法》等。针对城市公共艺术规划的各种专门性的要素，许多城市已经制定出相应的管理规章。以上这些由地方人大立法或者相关部门制定的规定，对城市公共艺术规划起到了法规限定和规范的作用。

同时城市公共艺术规划还可依托城市规划的法律体系来实现其规划的目标。城市规划作为我国政府和规划主管部门对城市空间实施管理的工具，已经形成了以《中华人民共和国城乡规划法》为主，各地方规划条例为辅和各种相关行政法规为配套的较为完整的法律体系。首先，《中华人民共和国城乡规划法》是城市规划的主干法，其地位和效力仅次于《中华人民共和国宪法》，法律授予了城市规划主管部门权利并规定了其义务。城乡规划主管部门又在此法的基础上出台了各种城市规划条例、规章，如《中华人民共和国环境保护法》《中华人民共和国国土管理法》等。其次，相关管理部门及各地行政管理单位也根据自身管理的需要出台了相应的下一层次的部门规章和行政法规,如城市绿化条例、城市雕塑管理条例、城市色彩管理条例等。

2. 职业准则

法律法规是城市公共艺术规划最可靠的保障,但是在目前法制尚不健全的情况下,对城市公共艺术规划的管理者和参与者来说,更为现实的是凭借伦理道德、行业规范和社会规范来约束行业行为。考虑到城市公共艺术综合性的特点,规划涉及的相关的职业准则包括城市规划师、管理者和艺术家的准则,还包括德行层面的职业道德,以及实际操作过程中的专业知识技能。

1)坚持职业道德

城市公共艺术规划具有公共性的特点,是公权、民权以及艺术价值规律的高度统一。任何艺术家的"视觉专制"以及规划师的"技术专制"都会影响到公共性的实现,作为规划的参与者应该形成统一的道德规范和责任。在规划的过程中经常会涉及优先权、公平参与、弱势群体的问题,也经常会碰到来自上级领导的压力和物质的诱惑,作为一名规划师,不仅要有良好的道德品行和高度的责任感,同时还应具备扎实的专业知识和专业敏感性,否则会对城市公共艺术和公共利益造成伤害。尤其在涉及艺术的问题时,艺术家及相关专家必须清楚自己在公共艺术规划中的重要角色,要在艺术创意与公众诉求间起到桥梁的作用,一方面要创造有艺术价值的作品,另一方面要表达民意,使作品的公共性得到发挥。城市公共艺术不同于纯艺术,不是艺术家个人的炫耀之作,不是为得到艺术圈品位的认同,不能脱离现实生活,必须要与民众对话。在实践当中,如果艺术性与公共性产生了冲突,要以尊重公众为前提。

2)学习和使用专业技能

专业技能是保证秉持行业道德的基础,包括职业技术、业务能力、专业理论基础多个方面,是参与者胜任工作和有效完成工作的能力和手段。城市公共艺术规划的过程涉及诸多方面的参与者,包括规划师、艺术家、技术

117

专家、管理者，他们来自不同的专业领域，各自持有不同的职业技能。

作为规划师，要在规划过程中为城市政策的制定及较大目标的选择提供专业的具有创造性的参考方案；作为艺术家，应当在服从大的规划框架的前提下，综合考虑具体空间的艺术创作和个性特征，并且以直观的方式呈现到公众的面前；作为管理者和协调者，则应当协调多方的利益，当产生分歧的时候，起到协调的作用，并找到不同利益群体的共同立场，提出若干解决方案，保证决策的效率和规划的效益及公共性。

3. 政策规划

城市公共艺术规划的运作过程中必定会涉及相关政策，对政策的解读有助于在规划的过程中了解城市发展的意图，使得建设活动与城市的宏观发展具有连贯性，获取更多发展的机会和信息，一般主要包括城市总体的政策和城市规划的政策。二者在层次和范围上存在差异，城市总体的政策强调对城市的管理和治理，包括与城市发展相关的所有方面。城市规划的政策与城市公共艺术规划的联系更加紧密，包括完整的从城市总体发展到城市局部地段开发的城市空间体系，以及与之相关的发展政策的制定，强调空间上的延续性、层次性及关联性。城市公共艺术规划必须详细地研究和评估规划所在范围的上层规划，挖掘其中有关的信息。如城市公共空间规划、城市步行系统规划及城市绿地系统规划等。这些上层规划为城市公共艺术规划提供了指导和规划的依据。

5.1.2 历史文化背景

1. 历史背景

历史背景是城市历经长期发展积淀而成的物质环境，它包括以物质形式存在的公共艺术遗存，也包括非物质形态的艺术、技艺等，甚至包括历史形成的地域文化、价值观念、生活方式等诸多因素，这些都会在空间上形成投影，对于城市公共艺术规划具有极其重要的意义。一方面，城市的历史背景体现出的是一种历久弥新的空间美学，因为地区、民族的历史差异而使得各个城市的公共艺术具有其独特魅力；另一方面，历史背景更为重要的是作为一种社会网络存在，丰富的人际交往和独特的生活方式都为艺术家的创作提供了丰富的创作源泉。

城市是人类文化凝结成的产物，历史通过城市述说自己的过去，让我们更好地了解它。面向未来，面向发展，历史是城市公共艺术的背景基础，也是城市公共艺术发展的重要资源。城市公共艺术规划是对城市未来10～15年的艺术资源在公共空间的分配策略和规划，是城市历史的一种延续，是城市历史资源与城市公共艺术的对接，也是映射在艺术上的城市历史资源的再组织与分配。因此，认识城市的历史将对未来城市公共艺术空间的发展提供基础。同时城市依托公共艺术空间展现历史，提供了解城市历史的窗口，历史资源也反作用于公共艺术空间，为城市艺术发展提供丰富的文化内涵及意义。城市公共艺术规划在城市历史文化的基础上构建城市艺术资源的物质空间框架，实际上也是在构建当下城市民众的生活记忆及精神空间，不仅是对传统历史文化的延续，更是一种意义上的重构和创新。

2. 文化精神

城市公共艺术规划是城市市民在一定地域范围内受到共同价值观影响的结果，这种价值观念来源于城市市民在长期社会经济生活中形成的生活习惯和行为方式、不同时期人们的综合素质积累，以及市民在城市中生活的过程中，通过一定时间积累所形成的共有的文化认同。例如城市雕塑往往能反映一个城市的历史和集体的文化认同，深圳市的"拓荒牛"反映了一种开拓进取的精神，纽约的自由女神像象征着自由和民主，罗马的"母狼哺婴"述说着城市的起源（见图5-1）。

城市公共艺术规划的文化精神是在充分地尊重和维护社会个体的文化认知、文化体验和文化权利的前提下，使社会公共领域之中的每一位个体尽可能参与和监督社会公共文化领域，即对有关社会文化价值、符合共同利益的道德精神及审美观念评价与交流的实践。

(a) 深圳市的"拓荒牛"

(b) 青岛市的"五月的风"

(c) 纽约的自由女神像

(d) 罗马的"母狼哺婴"

图 5-1　各城市标志性公共艺术

5.1.3　发展现状

城市空间是一个由经济、政治、文化组成的复杂网络,城市公共艺术空间作为城市空间系统的子系统必然与之紧密联系。城市公共艺术规划中出现的问题和矛盾源自社会、经济、文化、政治相互作用下的影响,在这样的过程中产生新的城市公共艺术空间形态,并整合城市艺术资源,用以提升城市在文化、经济、政治及社会方面的目标。城市公共艺术规划需要建立在对城市当前形势的准确判断之上,然后从城市整体层面控制和引导城市公共艺术空间的发展,因此势必要对城市的当前状况进行全面的了解。如经济运作、政府决策与城市艺术氛围塑造的关系等,这需要通过不同专业领域的交叉合作,才能综合地了解城市社会这个复杂的系统。

1. 经济现状

后现代艺术进一步打破了纯艺术和商业艺术的边界,使艺术价值本身转化成一种可开发的商业资源,推动文化艺术产业蓬勃发展。城市公共艺术作为兼具公共性与艺术性两者性质的综合体,集中体现了上述两方面的经济属性和价值,作为一种公共资源通过其外部性发挥经济效益,并在投资主体多元化的今天,通过艺术的形式吸引资本进入城市公共空间。

城市公共艺术作为一种公共资源和一种特殊的公共物品,具有经济属性和福利属性,具体表现为外部经济和外部不经济。例如,政府提供的城市大型公共艺术设施如艺术馆、音乐厅的修建,会使得周边地价和房价上涨,是外部经济。但同时会使得进入的门槛增加,把低收入者和弱势群体排除在外,造成外部的不经济。尤其在以房地产为主导的城市建设过程中,很多开发商代替政府成为公共艺术产品的供应者,开发商往往希望通过引入公共艺术项目,借以提升土地和产品的附加值,这同样也会具有排他性。布坎南曾就公共物品提出"俱乐部理论",他认为俱乐部往往是通过收取费用及抬高进入的门槛来排除部分公众的参与。当前,以上两种情况普遍存在,在此背景下,城市公共艺术规划要兼顾效率和公平,应以为公众提供更多的文化福利为己任。

艺术吸引资本的同时,资本也反作用于城市公共艺术并推动其发展,反映在公共艺术与城市经济互动的关系上,历史上经济繁荣的时代都会留下众多优秀的艺术作品。城市公共艺术规划是在满足了城市的基本建设之后,对于城市文化需求增加而衍生的产物,本身发展需要强大的经济基础作为支撑。如 2010 年旧金山地铁公共艺术项目(见图 5-2),提取地铁建设资金的 2% 用于公共艺术建设,总预算为 1450 万美元。研究表明:当人均 GDP 达到 3000 美元,人们对艺术的需求才会增加。只有当经济发展到较高级的形态,才会有艺术和文化的需求,例如文化产业、创意产业的发展都与此相关。城市公共艺术规划涉及的经济问题主要是从城市投资的角度合理地计算经济产出、投资收益等,这要求对城市的经济运行状况和经济发展规律有全面的了解,涉及财政税收、土地价值、投资来源、就业等问题。由此可见,经济要素为城市公共艺术建设提供了资金保障,也为高品质的城市生活提

图 5-2 旧金山地铁公共艺术项目

供了发展的动力,并成为城市公共艺术规划实施过程中最直接的影响因素。

在目前看来,经济因素通常被认为是第一要素,以经济建设为中心,一方面要重视公共艺术作为公共物品的经济价值,防止外部的不经济;另一方面要兼顾其合理的经济效益和产出,将其作为发展的动力,而不是过度开发和哄抬,一旦艺术资源的走向和配置被市场经济所引导,资本的流向取决于利益的驱动而不是艺术价值和公共福利本身,那么资本的过度侵占将具有危险性。哈丁(Garrett Hardin)于 1968 年在文章 *The Tragedy of the Commons* 中提出"公地悲剧",认为公共牧地的悲剧就在于:每一个放牧人拼命使用公共资源以追求个人利益最大化,结果导致公共资源被过度掠夺和消耗,使所有人的利益受损。城市公共艺术的规划若漠视了城市公共艺术外部性的经济特性,则会导致诸如"公地悲剧"现象的发生,导致城市公共艺术的发展不可持续。

2. 政治形态

皮埃尔·布迪厄(Pierre Bourdieu)曾从社会学的角度说明城市公共艺术的政治形态问题,"象征性符号的斗争是社会斗争中最常见的形式",公共艺术空间是象征性符号最重要的产生场所,也是各种权力交锋的战场。各种争夺空间符号的斗争形式普遍存在,随之形成各种权力分配的策略,这就构成了城市公共艺术规划的政治形态。城市公共艺术规划的全过程都包含着政治性的要素,其涉及的主要问题与其说是技术问题、空间问题,不如说是政治问题。从城市公共艺术发展的过程来看,一直以来它都是统治阶级对被统治阶级进行精神灌输的工具。从规划的组织和执行的过程来看,组织规划到城市公共艺术问题的提出、操作实施、意见反馈,大多都是通过政府行政的途径来组织解决的,在组织和执行的过程中,有效地限制和平衡各个部门的权利和义务,并关系到每个人的生存空间和生活方式,从而反映了城市市民的精神诉求。因此,政治作为组织与规划的重要构成要素,为规划的有效实现提供了引导、监督与管理,成为推动城市公共艺术发展的直接动力,并具有技术指导的意义。

如圣何赛国际机场公共艺术规划(San José International Airport Public Art Master Plan)项目在规划的各个环节都引入了公众参与,包括社区、艺术家、机场公共艺术委员会、公共艺术咨询委员会及跨部门的参与,以实现部门之间的平衡与合作(见图 5-3)。

3. 社会背景

城市公共艺术规划是社会活动的一部分,也是社会活动的外在反映形式,它的变迁发展也是随着社会变迁发生的。通常我们可以看到不同社会背景、不同形态的公共艺术形式,如封建社会为君主服务及为神而造的艺术形式,有些代表纯粹的政治意识形态,如"红""高""亮"的伟人塑像,有些则成为商业集团的标志,这都是社会关系的集中体现,有较强的社会性。从城市总体空间上看,不同的社会关系、社会组织、社会层次也会投影在城市空间环境中,形成不同的社会问题和城市空间问题。尤其在以房地产开发为主导的今天,容易产生如贫富差距、社会隔离、绅士化空间等社会空间问题。

4. 发展的契机与阻力

在对城市当前发展的现状进行全面了解之后,才能对城市发展的未来及当前的发展形势进行准确判断和评估。尤其是城市有机会举办重大的活动,如奥运会、博览会、论坛等;面临新城开发、旧城改造、城市更新或大型基础设施建设等;或者有重要的城市发展政策,如产业转型升级、推动就业发展等,这些与城市或地区发展有关的重大政策或事件都可以作为城市发展的契机,也是推动城市公共艺术发展的动力,以及启动城市公共艺术规划的

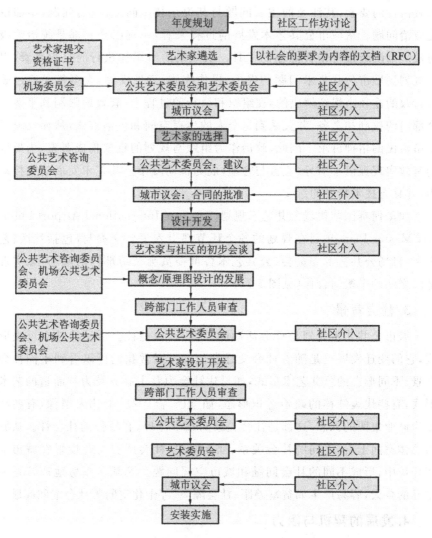

图 5-3 圣何赛国际机场公共艺术规划中公众参与步骤

前提。我国在申办奥运会时就提出"人文奥运"的理念,为此经过了七年的筹备,给北京城市公共艺术带来了全面的发展,编制了《北京奥运行动规划》。规划提出了"世界给我十五天,我还世界 5000 年"的口号,深刻挖掘"中国元素"的艺术价值,用公共艺术重塑中国国家艺术形象;规划实现了城市整体空间的公共艺术建设,包括艺术活动、艺术环境、艺术设施三部分,从奥运场馆到街道家具,从城市色彩到公共艺术活动全面覆盖;规划举办奥运文化与公共艺术研讨会、奥运公共艺术展、万人广场艺术活动等,强调全民参与公共艺术建设,第一次大规模地让市民接受、参与及享受城市艺术文化。

城市在面临重要发展契机的同时也会遇到发展的阻力或者发展的瓶颈,当然二者是辩证统一的,甚至是可以互相转化的。如果可以及时地发现问题然后找出积极创新的方式来解决问题,是可以将阻力变成动力的。如果消极对待,就可能影响城市的发展。

5.1.4　周边环境要素

城市公共艺术规划的边界并不是一个物理空间上封闭、与外界没有联系的边界。在对规划范围内部的相关资源要素进行充分的了解之后,应当将城市与周边城市、地区与地区作为一个有机的整体进行全盘考虑。

在经济全球化、地区一体化、城市区域化的今天,城市与城市间的交流与合作日益频繁,城市与城市之间在合作中竞争,又在竞争中寻找各自的发展,自身良好的资源以及优势,可以成为竞争的资本和合作的条件。城市公共艺术规划不仅仅是通过空间的塑造强化自身的优势与地域特色,与周边地区形成差异化发展,挖掘和强化自身的特点,同时规划也应当放大自身影响的范围,战略性地利用周边城市资源,从而达到以共同发展为目的的合作规划。具体来说,对周边资源的利用在空间上须具备三个条件:交通的可达性、功能的差异化以及尊重城市原有的地域特色。

1. 交通要素

交通要素是一个城市公共艺术发展的基础条件,尤其是在城市日益机动化的今天,良好的交通环境可以提高城市公共艺术的使用效率,反之则会增加公众获取的难度。在规划过程中,应充分了解城市的交通系统,处理好公共艺术资源与公共交通之间的关系。

1) 城市公共交通

城市公共艺术应与城市公共交通整合在一起,如地铁站、公交线路、城市快速路、旅游线路等。首先城市大型公共艺术设施和艺术区(如艺术馆、音乐厅、博物馆)的选址,必须要将其作为城市大范围的目的地来考虑,据美国国家艺术基金会对公共艺术馆的参观人数的统计,在 1952 年至 1993 年这一数值增长将近 20 倍(见表 5-1)。规划必须要立足长远的发展,应考虑与城市的交通系统进行整合。然后城市公共交通系统是城市的大动脉,是人流最密集的公共空间,公共交通的结构往往会影响到城市公共艺术发展的整体结构。规划应以城市公共交通要素为基础。

表 5-1　1952—1993 年美国艺术馆参观人数统计

年　　份	参与人数(百万人)	美国人口(百万人)	参与人数(每 100 人中)
1952	11.1	157.6	7.0
1957	13.5	172.0	7.8
1962	22.0	186.5	11.8
1975	42.1	216.0	19.5
1979	49.8	225.1	22.1
1986	70.3	240.7	29.2
1988	75.9	245.0	40.0
1992	163.8	255.0	64.2

2)城市步行空间

人性化的城市应当鼓励步行及非机动车交通,步行系统犹如人体的毛细血管,相比城市公共交通,步行系统的线路更为分散,空间形式更多元,城市居民日常生活联系更紧密。城市广场和街道以点和线的形式构建起城市步行空间的网络。城市广场是一个区域空间的核心,是城市中一定区域内公众意识的集中体现。一般认为,在不同功能区域,广场的性质会有所不同,公共艺术的风格特性也有所不同(见表 5-2)。例如在城市中心区,行政办公功能较为集中的广场一般定位为纪念性广场,公共艺术整体区域显得庄重、典雅、雄伟、壮丽;城市商业区或居住区的广场,一般定位为生活性和娱乐性的广场,风格倾向于轻松、活泼、诙谐和时尚;城市文化、教育功能集中的区域,城市广场多体现教育性和艺术性,公共艺术多表现为高雅、抒情。因此,城市公共艺术规划要结合广场和街道的功能一起考虑。

表 5-2　不同功能区域的广场的定位与风格

城 市 功 能	广 场 定 位	风 格 倾 向
行政中心	纪念性、庆典性	庄重、典雅、雄伟、壮丽
商业、居住	娱乐性、生活性	轻松、活泼、诙谐、时尚
文化、教育	教育性、艺术性	高雅、深沉、抒情、寓意
工业、产业	生产性、功能性	高效、科技化、工业化

2. 功能定位

在与周边地区协调发展的过程中,城市功能的定位是与周边城市形成差异化发展的关键因素。如果地区间功能雷同,就会产生重复建设和恶性竞争。只有在对周边地区功能定位充分了解的基础上,才能更好地找准自身的定位,对周边地区的充分了解是为了寻求差异,而不是盲目的复制。例如,当下房地产成为城市开发的主力,在实际运作过程中,将好的运营模式和产品进行搬迁和复制,不但可以降低风险还可以降低成本。以文化和艺术带动旧城复兴的典型案例"上海新天地"就是如此,在上海取得成功之后各地掀起了"新天地"热(武汉天地、西湖天地等)。这种对经济上成功的模式的复制实际上造成了城市间的雷同,最终也将导致城市竞争力的降低。

3. 城市基质

不同的城市特征是由城市的地理位置和地域风情决定的,例如山地城市、滨水城市、沙漠城市,以及雾都、冰城、火城。不同的地域特征也会塑造城市文化和人文风情,经过长期的累积形成独特的地域文化。地域特征是城市公共艺术规划的社会背景和条件,也是城市公共艺术规划的资源。规划通过最大限度地发挥地域特征在促进城市发展方面的潜力,有效地引导地域空间的发展,将看似分散的地域资源要素进行整合。

如今,我们常常通过公共艺术来了解城市的地域特征。如青岛是"红瓦、黄墙、碧瓦、蓝天",长沙是"山、水、洲、城",苏州是"小桥流水、粉墙黛瓦"(见图5-4)。由于城市地域特征不同,城市风貌和基质也不尽相同,在此之上培植的城市公共艺术也呈现出多元性特征和独特的个性。因此,可以说城市公共艺术就是地域特征的集中反映，而另一方面，也使得地域特征更加突出。如哈尔滨城市公共艺术的规划结构，定义哈尔滨为"一江一岛、两带、十六区、十六轴、十六园、百点"；徐州城市公共艺术色彩规划基于城市的地域特征，确定城市主色调为"黄灰雅调"，并营造出"景融山水、金玉彭城"的城市色彩。

(a) 青岛　　　　　　　(b) 长沙　　　　　　　(c) 苏州

图 5-4　各个城市的城市基质

这些当地的自然地貌、城市色彩、物产和材料构成了城市与城市间不同的特色，也为城市公共艺术提供了丰富的灵感。只有结合本地风貌，基于地域特征的城市公共艺术规划才会具有持久生命力。

5.2　内部资源要素调查

城市公共艺术规划是将城市中与公共艺术相关的要素进行整体规划。从认识论的角度研究城市公共艺术规划时，可以将其内部要素划分为两个方面：城市公共艺术规划活动中行动的对象和行动的人，即客体性要素和主体性要素。进一步来说，客体性要素是规划的对象，是构成城市公共艺术的艺术性要素；主体性要素则是行动的人，是城市公共艺术规划中的相关者，包括行动者、协调者以及管理者，是社会层面的主体和组织资源，属于主体性（社会性）要素。综上所述，城市公共艺术规划框架的内部要素分为艺术性要素和主体性要素。

5.2.1　艺术性要素

就艺术性要素的特性以及存在的状态而言，可将城市公共艺术要素分为空间性、时间性、风格性、构成性四个方面。

1. 空间性要素

城市公共艺术广泛分布于城市公共空间中，空间的表现形式日趋多元化。这里的空间性要素是根据城市公共艺术与所在的空间的层次（见图5-5）、空间类型及艺术品本身所呈现出来的空间状态三个方面进行描述的。

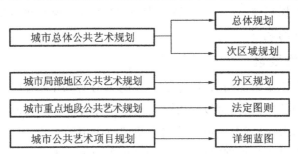

图5-5　城市公共艺术规划的空间层级

首先，城市规划的空间层次指城市规划的工作范畴在具体空间上的表现，一般包括宏观、中观和微观三个层次。关于公共艺术的空间层次，不同的城市有不同分类方法，如拉斯维加斯将其分为城市级、社区级、邻里级，哈尔滨城市公共艺术规划将其分为城市级、区级、居住区级。根据我国城市规划的分级，对应于城市规划的五个层级❶，将其划分为城市级、地区级、街区级和项目级四个层次。

其次，城市公共艺术广泛地分布于城市公共空间中，不同的城市公共艺术空间类型，从不同的角度有不同的类型划分。按经济意义可分为公益型、收费型；按所有权和使用权可分为完全公共所有和完全公共使用、公私共有和有条件公共使用及只向部分人开放；按空间的状态可分为开放型和围合型；按空间形式可分为点状公共空间、带状公共空间；按空间在城市中的地位可分为主导空间、附属空间；按空间的特征可分为城市广场、城市公园、街道、滨水空间等。不同的公共空间类型也决定了城市公共艺术的空间性要素是丰富多样的。

---

❶　深圳市国土规划局在1998年颁布的《深圳市城市规划条例》中将深圳城市规划体系分为城市总体规划、次区域规划、分区规划、法定图则、详细蓝图五个层次。

最后,针对公共艺术本身呈现的空间状态,可分为固定艺术和流动艺术,固定艺术包括平面空间艺术和立体空间艺术,流动艺术包括表演艺术和行为艺术等。平面空间艺术包括彩绘、漆画、喷画、摄影、马赛克、陶土、镶嵌、浮雕等手法创作的空间或建筑表面形态的公共艺术;立体空间艺术包括圆雕、纪念碑、喷泉水景、立体造型、空间造型、街道家具等。以艺术品本身空间性的角度探讨公共艺术,作品的大小、尺寸与人视线角度的对应关系,都会影响公众的观感。

2. 时间性要素

城市公共艺术要素除了具有空间上的划分外,还具有时间性的特点。从持续时间的长短来看,可以分为永久性、周期性、零时性三种。

第一类是永久性的,城市公共艺术是城市永恒的标志,从奥林匹斯山上众神的雕像到凯旋门再到城市街头的雕像,我们可以看到,这些城市历史的见证随着城市的发展变更历经久远的历史,虽然其意义在不断发生变化,但是就物质守恒的原理而言,它们是永久存在的。

第二类是周期性的,伽达默尔将其解释为通过定期性重复和共同的纪念仪式加强部族间的亲密性,让人们在定期性的节日中暂时中断忙碌的工作。节日可以说是人类创造的最重要的公共艺术,是人民在日常生活中积累下来的,如电影节、音乐节、世博会等。

第三类是临时性的,这种类型的公共艺术活动也具有重要的作用。它的基本特点是将前卫的文化观念与广大市民联系起来,以隔离我们长期的生活习惯和观看习惯,介入我们的公共空间。甚至有些艺术是转瞬即逝的,如世界野生动物基金会(WWF)将 1 000 个小冰人放置在柏林御林广场音乐厅的台阶上,让它们慢慢融化(见图 5-6)。创作者希望通过此举引起公众对全球变暖的关注。

3. 风格性要素

与一般城市规划的功能性要素不同,城市公共艺术具有强烈的风格。风格用以识别艺术创作的独特之处,从艺术发展历史的角度来看,风格是根据艺术表现形式、地区以及时代进行划分的,并且与当时艺术风格的发展方向密切相关。不同时期形成了不同的风格,风格反映了一定时期、一定群体

图 5-6　柏林广场的小冰人

对同一件事情产生的认同。不同的风格代表不同的地域以及不同的时间,具有空间和时间上的可识别性。风格既可以指某一个艺术家,例如莫扎特音乐风格,也可以指一个流派,例如印象派画家创作风格,也可以指一个时期,例如巴洛克时代。不同的艺术种类也有不同的风格,如建筑风格、音乐风格、绘画风格等。

　　风格是在不断变化和发展的,对风格要素的梳理并不是要限制风格的发展,而是对风格的发展脉络形成基本的判断。总体来说,艺术风格细分为传统倾向、写实倾向、具象与图案倾向、抽象倾向、变形与幻想倾向、后现代倾向、观念化倾向七种。

　　其中具象倾向与写实倾向的不同之处在于具象艺术的细节更加省略或对于造型更加强调,但如果表现力不够,则又容易变成图案;至于图案倾向亦可列入具象倾向,它具有高度的实用性,所以常被应用在公共场所、城市家具上;抽象倾向包括有机抽象倾向与几何抽象倾向,部分是从自然物或人体等现实抽象得来的;变形倾向则是为了表达激情、强烈的情感而采取的手法,除了变形之外,还有幻想或超现实的风格;后现代倾向则是让公共艺术品直接参与人们的生活,艺术的大小、行为、所处情境都与在旁的一般人没有差异,让人在真真假假之间体会其趣味。

　　上述的艺术风格还可再细分,不同的艺术类型之间还会存在差异,对于未受过专业美学训练的一般民众或规划师而言，并无法明确地分辨这些风格彼此之间的差异性。为了拉近艺术与公众的关系，有些研究将城市公共艺术要素的艺术风格简略地分为抽象、半抽象、写实三种，使大众可轻易辨别，但实际上不论怎样分类，都存有许多模糊性。

4. 构成性要素

城市公共艺术要素在空间上呈现出的状态可用构成性表述。就其实体形态空间的构成形式来看，大致可分为五个种类。

（1）单点型：焦点所在，属于单一个体呈现，如广场中心的雕塑、具有标志性的入口；（2）聚合型：多数、多样作品聚集在一起，环境性质最为强烈；（3）列队型：诸如神像、动物像等呈线状整齐排列；（4）环状型：作品数量与空间基地都很庞大；（5）群像型：都市中具有纪念价值的作品设置较多。

5.2.2　主体性要素

主体性要素是在城市公共艺术规划的过程中可能起到作用的参与者或群体组织，包括政府部门的管理者、项目投资者、各个领域的专家，以及地方的企业家和民众（见图5-7）。规划作为一种社会活动，不同层面的人带着不同的目标和价值观参与其中，相互制约，相互促进，从而推动着规划过程的实施和发展。不同主体之间的权利和义务的保证都是城市公共艺术规划最终实现的根本保障。

城市公共艺术规划过程中，各个主体的参与和协调仍然存在很多问题。首先，规划的操作过程往往是在体制内开展的，而公众只能通过公示的规划得知规划的最终结果，规划实际上成为了一种公众被动接受的精英式规划；其次，从一个"好的规划"标准来说，人人都参与的规划才是好规划，但事实上公众参与受到知识水平、经济、社会、权利等各方面的限制，很少会主动参与到规划中来或者参与的意愿不高；再次，不同层面的规划影响的目标人群不同，要求全面地实现参与或普选式的规划在目前的中国是不现实的。总而言之，城市公共艺术规划一方面要充分地调动公众的参与积极性，另一方面又要有效地锁定参与的主体。而这些目标的实现都建立在充分了解主体性要素的构成和各自所扮演的角色以及规划过程的实质的基础之上。

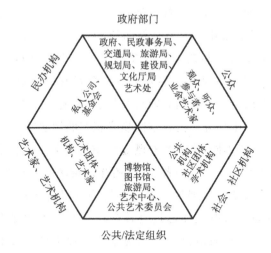

图 5-7　城市公共艺术规划相关主体

1. 多部门组成的管理主体

在城市公共艺术规划过程中,政府和公共管理部门主导着整个规划的编制和管理。政府一方面负责有关城市公共艺术规划的政策和法规的制定,另一方面在宏观层面上,对各个规划主体的参与进行组织管理,建立意见收集和沟通协商的渠道。而公共管理部门负责监督公共艺术专家及相关职能部门对公共艺术规划的评审工作,为城市公共艺术的开发建立实施的指导依据,并对规划目标区域内开发项目的申请行使审批权。

1) 政府

政府是城市公共艺术规划的组织者、启动者及规划编制团队的重要组成人员,政府工作人员在规划中处于较稳定的位置,贯串规划的始终。他们行使公共权力调动公共资源,对城市公共艺术规划相关资源可以做出最具权威性的分配。

政府行为是以实现最优公共价值以及解决市场失效为己任的,是城市建设过程中重要的干预手段。由于公共艺术资源是一种重要的公共资源,直接关系到城市市民的公共利益以及生活品质,对城市公共艺术建设的控制和引导也成为政府干预的内容之一。

在西方,政府对城市公共艺术建设的干预形式大多分为法令规定和政策引导两种形式,通过直接和间接的途径鼓励城市公共艺术的开发和发展,明确投资环境从而增强开发者的兴趣和信心,在这个过程中影响开发者的决策和行为,而对城市公共艺术进行投资。常见的干预方式在法令规定方面有艺术百分比法令,即规定公共艺术在整个开发投资金额中占有一个固定值的百分比;在政策引导方面有财税政策、财政补贴政策或公共艺术发展奖励政策,其中以艺术百分比公共空间换容积率的做法较为突出。

与西方政府有所不同,我国政府既是城市公共艺术的投资建设者,也是协调、控制市场开发行为的管理者,同时还介入市场开发行为。政府拥有城市土地所有权,在政绩及发展地方经济等行为动机的驱动下与城市开发建设有着密切的联系。政府往往通过直接参与公共艺术的建设和投资,以改变城市的形象。政府在城市公共艺术规划的过程中扮演着重要角色,城市公共艺术规划编制的前提和目标直接由政府意图所决定,政府也成了城市公共艺术建设过程中最重要的行动者。

2)公共管理部门

为实现城市公共艺术资源的整体最优,避免市场开发造成的城市公共艺术空间破碎化的弊端,以及倡导城市公共艺术建设过程中的集体行动,城市规划部门、文化部门等相关职能的行政主管部门,通过制定和实施城市总体的公共艺术规划,对城市公共艺术建设过程产生了十分重要的影响。

公共管理专职部门通过在城市开发过程中制定城市公共艺术建设的底线来控制建设的质量,引导和鼓励最理想的方案。其形式和途径主要分为两种,第一种是通过对项目所在地"不良外部性"的负面影响的审查,行使法定的权利,用以控制公共艺术项目的题材、功能、形态等要素;第二种则是通过对项目开发者提出的开发申请行使审批的权利,以获得"规划受益"。例如提供公共空间用于发展公共艺术等。在公共部门与开发商多次协商之后,设定最终的城市公共艺术相关的开发控制要素,作为指导实施的依据。因此公共部门在公共艺术建设过程中对干预开发行为以及对最终建成的公共艺术环境都具有重要的作用。

2. 多专业构成的技术主体

城市公共艺术规划涉及城市、建筑、交通等多种类型的城市空间,同时还牵涉社会公平、文化福利等社会性的问题。因此,规划的过程是一个多学科合作的过程。规划的综合性决定了规划组的成员来自不同的专业领域,包括城市规划、建筑学、景观、艺术、社会管理、法律等。多专业的技术构成使得规划技术小组的成员是开放的,可以根据项目的不同,结合项目的实际情况对不同专业类别的配比进行适当的调整。

1)规划师

城市公共艺术规划师这一专业类别角色的增加在整个规划过程中起到非常重要的作用。尽管国内现有的城市规划和文化管理的体系内还没有一个专门关于城市公共艺术规划师的职位,但是这个角色在规划过程中是十分重要的技术主体,规划的全过程在不同专业、不同的主体间起到沟通协调的作用,促使方案和最终意见达成一致。城市公共艺术规划师应当具备城市规划、艺术、管理等多学科的专业背景,这样才能引导项目的决策和多专业的协同合作。因此,城市公共艺术规划师在城市开发和城市公共艺术建设的过程中,对维护公共利益、塑造城市良好的形象、保障项目的实施起到规范相应行为的作用,并为项目提供有力的技术支持。

2)艺术家

艺术家以其城市公共艺术方面的专业知识,在规划中扮演着重要的角色。艺术家是城市公共艺术要素的创造者,是直接的生产者,艺术家的劳动不能一味地跟随公众或被动地迎合和顺应公众的趣味,他们有责任向公众呈现新的视觉模式,和公众一起走向未来。

艺术家与规划师或工程师有着各不相同的专长。艺术家在与公众交流方面有着强烈的愿望,通过公共空间的艺术创作,艺术家与市民建立起一个强而有力的对话平台。但是,艺术家却缺乏一种城市空间开发建设的全局概念,也不具备工程和管理相关领域的经验。对于城市公共艺术这种艺术形式而言,艺术家需要具备的不只是艺术与美学史等基本理论知识,同时也要具备与城市设计和建造领域方面相关的规划、建筑、景观及工程方面的一般认知,再者艺术家必须与艺术项目行政人员合作,协调具体事务工作的进行,使公共艺术项目与社区发展协作共赢。除以上几点外,在协作过程中,艺术家与规划师的合作也是不可忽视的环节,培养城市公共发展的全局概念，打造艺术化的城市空间则是城市公共艺术规划的重要目标。

3）策展人

策展人作为艺术家和城市公共艺术行政部门两者沟通的桥梁，是将政府、艺术家、开发商和社会公众联系在一起的重要纽带。一个城市公共艺术项目的策展人在人数上并没有具体的限定，策展人并不单指一个人，它可以是一个团体，也可以是集合不同领域专家的群体，而这个身份所代表的是社会群体对于公共艺术在各个方面的诉求。在西方国家，专业策展人通过对公共艺术项目整体运作的系统规划，建立有主题性、连续性的城市艺术文化形象。但是，目前国内并没有一套便于策展人发挥协调规划作用的规章制度，而城市公共艺术规划则在某种程度上填补了空白。

3. 集约多智慧的专家顾问

在西方的城市公共艺术规划项目运作过程中，经常会采取开放的态度，用专家咨询的形式邀请各个领域具有一定权威性的专家、学者参与其中。除常见的工程师、建筑师和艺术家外，城市公共艺术规划也需要设计师、城市规划专家、社区营造专家、工程顾问、景观设计师、空间设计师等相关领域的专家，甚至包含平面设计师、广告设计师、画家、表演工作者，以及艺术管理等专业文化、行政人员，多元领域的专家参与，才能发挥最大的可能性与创造性。

例如台湾的《公共艺术设置办法》第四条就对在城市公共艺术项目评审过程中评审委员的构成做出了相关规定：审议委员会总人数为十三至十七人，其中设置召集人和副召集人两个职位负责项目评审阶段整体的协调管理。除此之外，其余委员从艺术类、城市建造类、公共管理类三个专业领域分别甄选，艺术类五人至七人，艺术创作、应用艺术、艺术评论、艺术教育、艺术行政各类至少一人；城市建造类三人至五人，城市设计、建筑设计、景观园林各类至少一人；公共管理类人数不限，地方政府建筑或城市规划业务主管、社区或公益团体代表、法律专家各一人。审议委员会委员的聘任周期为两年，期满必须进行再次招聘。

邀请参与的方式包括头脑风暴、方案评审、联合设计、咨询会讨论会等方式，征集的内容包括概念性方案的提出、地区层面的发展构想、具体方案的讨论等。

4.开发和投资的经济主体

目前,城市开发和投资的经济主体形式主要分为营利性开发与非营利性开发两种。在开发过程中通过投入资本与劳动力将城市空间物化为成本,转化成可获利的商品出售的行为称为营利性开发;而出于公益性目的,满足公共利益和公众需要的开发行为则是非营利性开发。以上两种途径的开发构成了城市公共艺术投资开发的主体。

1)营利性开发

在西方,城市公共艺术投资主要是第三方非营利组织及非政府的非营利性开发和纯粹市场行为的营利性开发。与西方不同的是,目前我国城市公共艺术的投资大部分属于政府主导的非营利性质的开发。近年在以房地产为主导的城市开发过程中,商业营利性开发中的公共艺术投资日益增多。但是,由于开发商和投资者对城市建设的投资主要考虑的是商业开发项目的成本控制,其投资的行为多是一种短视行为,开发的目标是短期目标,为了实现利润一味地迎合市场的需求,排斥大多数公众的需求。与之不同的是,城市公共艺术规划是对城市艺术资源进行的长期规划,是投资回收周期较长的开发行为,需要扭转开发商和投资者一贯的投资行为,使城市公共艺术开发趋于良性的可持续发展。

首先,城市公共艺术规划作为政府引导和调控城市空间物质环境建设的手段,必须要对城市建设的各类开发和投资的经济组织的行为起到引导和控制的作用;其次,城市公共艺术规划要为投资者描绘一个富有吸引力和发展潜力的城市远景,使投资者意识到投资的潜力,预期投资的回报;最后,在投资主体获利获得满足的情况下,城市公共艺术规划可以扩宽城市公共艺术建设项目的融资渠道,促进公共部门与经济组织合作,共同创造城市的美好未来。

2)非营利性组织

除了上述城市公共艺术的开发和投资主体以外,还存在非营利性组织这一种重要的投资主体资源。在 20 世纪末期,为了推进我国集资合作建房及住房合作事业的发展,以及解决城镇中低收入家庭住房困难的问题,出现了各种类型的住宅合作社，并进一步成立了中国住宅合作促进会。之后产生的中华全国青年联合会、中国残疾人联合会、中华全国妇女联合会及中国对外友好协会等公益组织都是依托于政府部门的半官方社会组织。这些非营利组织包括公共艺术组织在内近年来不断涌现，发展的空间也越来越大。但是，国内的非营利组织近似于政府旗下的分支部门，带着很强烈的官方色彩。这种现象出现的原因，一方面是政治体制因素的影响，另一方面则是缺乏相关法规对这一主体资源进行义务的规范和权利的保障。

与国内非营利性组织不同的是，大多数西方国家的非营利性组织都已经具备了一定规模，积累了许多经验。在美国，非营利性组织以谋求社会大众的福利为目标，不以赢取利润为目的，一般有社区组织、艺术团体、城市环保机构、大学服务机构等。从某种程度上来说，公共艺术非营利性组织的发展，不仅有利于城市公共艺术资源多元化的开发，同时也为城市经济发展提供了一个新的途径和契机，促进以强化城市文化精神为目的的经济创新。美国的非营利性组织的资金筹集并不同于一般意义上的股东占股集资，而是来自于民间、基金会和政府自发的捐赠和赞助，一切与公共艺术项目中心目标无关的营利活动的获利都需要缴纳税款。例如，美国的匹兹堡市的公共艺术非营利性组织，即匹兹堡文化信托，是由民间自发组成，对艺术文化资源进行开发，并将所得用于市民活动，同时吸纳更多投资者的加入；在英国，隶属于政府环境部的城市开发公司（urban development corporation）的非营利性组织开发内容广泛而且多样，从历史建筑改造到设计规划工作的监督维护，引导该地区社会、经济各个方面都趋于可持续的良性发展。

5. 多层次构成的社会公众

城市市民组成的多元社会公众构成了城市公共艺术规划过程中作用最直接、与日常生活最密切、数量最庞大的主体。他们是城市公共艺术的日常使用者，他们的使用经验构成城市公共艺术的公共价值部分。社会公众关心的是公共艺术项目的主题是否反映了整体的诉求，公共艺术的形式是否很好地融入到地方的文脉，以及是否对他们的生活构成威胁。

在一些公共事务决策的过程中，公众参与是平衡分歧、提高决策效率的手段。另外，公共艺术的建设对社会有着普遍的影响力，使规划者和政府不得不将公众作为一种具有非意识形态的不确定因素来看待,听取他们的意见,接受广泛监督。

社会公众是一个较难界定的群体,首先在范围上存在不确定性,公众可以是一个人,也可以是一个具有共同意志的组织或机构,既包括现有规划范围内的人,同时还是即将加入的、会对其产生潜在影响的那一部分人。

在西方,政府通过公众参与的形式让公众拥有参与公共事务的权利,虽然一定程度上大多数公众是规划结果的被动接受者,但是作为公共艺术的使用者,仍然可以通过法定的民主过程、法律及舆论手段间接影响公共部门的决策和规划的最终结果,例如,参与公共艺术开发方案的决议、加入社会组织、参加听证会等。

6 城市公共艺术空间规划

在对城市公共艺术资源要素整体认识的基础上结合各个参与主体的愿望,城市公共艺术规划是把城市的长远发展目标和政策与城市整体空间架构和战略性发展的思维联系起来,从而指导城市建设和具体公共艺术项目的实施。

6.1 城市公共艺术空间体系规划

城市公共艺术规划的成果之一表现为对整体的城市公共艺术空间结构的安排,是基于城市整体性的观念基础上,对城市公共艺术空间体系的构建。主要从空间设计的 3 个方面切入,分别是:①由空间要素存在结构和表现形式所构成的城市公共艺术空间"形态架构";②由人们通过对形态架构的感知而产生的城市公共艺术"整体意象";③包含在公共艺术形态和形态架构中的深层次意义的构成空间的"场所精神"。因此,要推进城市公共艺术空间体系的构建,就要梳理城市的主导形态架构,塑造城市公共艺术的整体意象和强化公共艺术空间的场所精神。

6.1.1 城市公共艺术空间的形态架构

城市公共艺术空间的形态架构是由复杂的城市公共艺术形态所组成的,将其抽象成最简单的空间元素,有助于规划师更好地认识和梳理其外在的形态架构。城市公共艺术空间作为城市空间形态要素的一部分,常常用几何学中的点、线、面来将复杂的形态抽象成相对简单的形态语言,并且以此建立各要素之间的联系,从而构成一个完整的空间形态架构。城市公共艺术规划的目的就是提炼、组织那些塑造城市整体艺术形态架构的关键形态要素。

1. 形态要素的分解

从外部形态要素的角度对公共艺术要素进行划分,分别可以用点、线和面三种形态来概括城市公共艺术的物质空间要素。

1) 点

点是线的构成要素,也是放大的线的局部形态,是通过局部空间公共艺术的聚集来强调其形态的特殊性,以区别于其他的形态要素。而线和面的形态正是通过点的聚集来实现过渡和强化的。

2) 线

线是构成城市公共艺术空间的基础形态,用于描述点和点之间的连接关系。包括滨水的公共艺术廊道、街道公共艺术、城市光廊等公共空间都是作为线的形式出现的。线的空间形态不但包括视线通透的空间形式,同时还可以是步行路线连贯的空间形态。线可以连接点,同时还可以分割面,可以是物质实体的线性空间形态,也可以是由若干公共艺术要素联系的线性连贯感知。

3) 面

城市区域中概念或形态存在共性的公共艺术要素聚合的形态关系称为面,如艺术区和大学园区就是两种不同的面的形态。面是相对于点和线而言的,但是在不同的层级和尺度下,三者是可以相互转化的。相对于城市的尺度而言,艺术区是一个点的形态。但就城市的某个区域而言,艺术区是一个面的形态。

在城市公共艺术规划的过程中,点、线、面经常有不同的表达方式。例如,城市公共艺术轴,城市公共艺术中心,城市公共艺术区,城市公共艺术符号、节点、廊道、片区等。

2. 提炼结构性的形态要素

在将复杂的城市空间形态抽象成点、线、面的要素之后,城市公共艺术规划就是要把握最为核心的问题,也就是要提炼全局的结构性的形态要素。结构性的形态要素是组成城市整体形态架构的关键,是支撑和构成城市公共艺术形态架构的基础,是在长期的城市公共艺术空间形态演变过程中不断强化的结果,也是维护其稳定性使其朝预期的方向发展的保障。只有抓住结构性的形态要素,才能贯彻和实施规划的基本理念、目标,才能实现城市公共艺术规划的空间远景,才能保障局部的发展不偏离城市总体的目标。

案例:广州市城市广场体系规划研究

首先,在研究中提炼出城市公共空间的点、线、面的形态要素。其中,"点"包括广州市主要的城市公园、广场、景观节点、交通节点、主要设施等;"线"分为物质的线和非物质的线,物质的线主要由珠江景观轴线、东部景观轴线、城市主要道路组成;"面"由城市空间区域以及人活动的范围组成,前者包括轴线影响的区域、城市绿地,后者包括公共活动的区域、资源集中的区域等。

其次,在分解形态要素的基础上,提炼出结构性的形态要素,并用直观的图示进行表达:开敞空间分析图——主要节点与城市绿地、水体景观带的关系(见图 6-1);轴线分析图——主要节点与轴线的关系(见图 6-2);道路交通分析图——重要的节点和火车站、机场、地铁站、主要公交车站的关系(见图 6-3);市民活动领域分析——活动场所、资源密集区域(见图 6-4)。

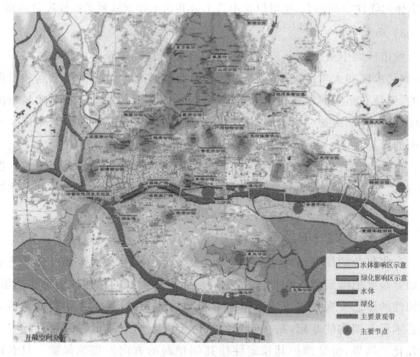

图 6-1　主要节点与开敞空间的关系示意

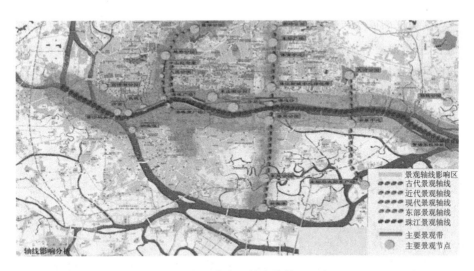

图 6-2 主要节点与轴线的关系示意

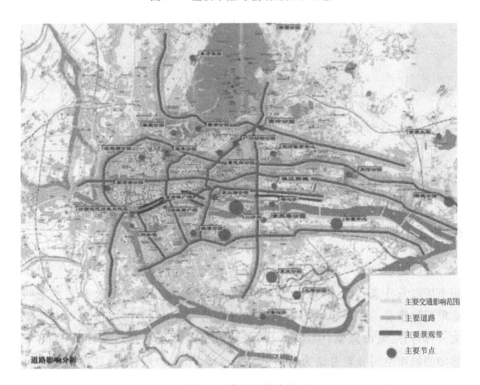

图 6-3 道路交通分析

结构性的形态要素是在提炼城市公共艺术空间点、线、面形态要素的基础上,分析要素对城市整体发展影响程度的轻重。判别轻重的标准一方面来自对城市现阶段以及过往历史发展的研究,如具有重要的历史价值或者独特的艺术品质和地位等;另一方面来自规划参与主体的愿景,例如与参与主体利益相关的公共空间的平衡布局和艺术诉求等。

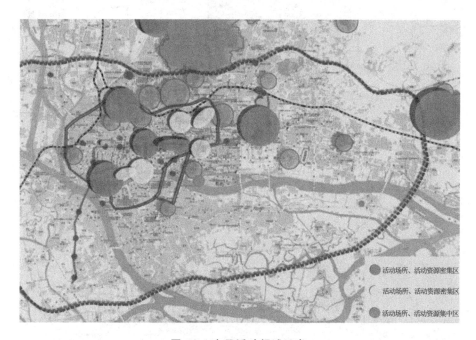

图 6-4　市民活动领域示意

6.1.2　城市公共艺术空间的整体意象

之前通过形态要素解析了城市公共艺术空间的整体形态架构,但对于城市居民及外来者而言,通过认知和感知来理解和解读城市公共艺术空间意象同样重要。在关于城市空间认知方面的研究中,美国城市规划大师凯文·林奇在《城市意象》中通过对构成城市空间的基本要素进行研究,将可感知的城市空间要素总结为道路、边界、区域、节点和地标,这些空间要素可以作为城市公共艺术意象性研究的基础。

1. 城市公共艺术意象五要素

1）道路

人们对城市公共艺术的认知与道路有着密切的联系。人们通常是沿着一定的路径来观察城市公共艺术,如城市道路、公园小径、铁路甚至飞机航线等。沿着这些偶然的或习惯性的路径,人们感知公共艺术的意象,同时这些公共艺术要素也可通过道路让观察者辨明自己所处的方位,沿着这些路径展开布局也是城市公共艺术之间的地理联系(见图 6-5)。

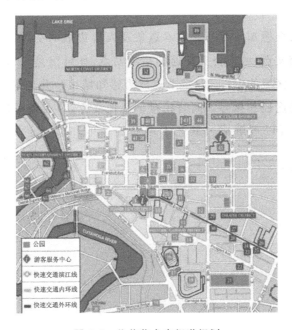

图 6-5　公共艺术步行道规划

2）边界

边界通常以封闭、相互渗透及连接的形式出现,可以是围墙、城墙等将不同区域进行划分的界线,也可能是两部分相互渗透的边界如栏杆、栅栏等,也可以理解为将不同的区域进行连接的界线,如海岸线将大海与陆地连接在一起。对于城市公共艺术形态的认知而言,边界虽然不如道路那么重要,但是同样具有空间组织的特征。

145

3）区域

大量的城市公共艺术或艺术家常常聚集在一起,构成了一种让观察者心理上产生"进入"的感觉的环境。城市中不同区域有不同的功能属性和历史背景,对应的公共艺术也有所不同,其中区域不同的特征和可识别性可以从内部进行确认,也可以从外部直观地感受到。这种空间场所的可识别性,使生活在其中的人产生归属感,使进入其中的人迅速地感受到不同的城市意象。

4）节点

节点是公众感知城市公共艺术意象及人群集散的交点,例如交通节点通常指道路交叉点、城市公共交通的主要站点,还可以是城市广场、市民中心这一类城市区域的中心。这些节点成为感知城市公共艺术意象和感受城市主导特征的途径和核心。同时相对于其他要素,节点还可以是一个相对宽泛的概念,可以理解成公共艺术活动的场地和市民聚集的场所等(见图 6-6)。

○ 国家级规划节点

● 省市级规划节点

■ 一般规划节点

图 6-6　华盛顿公共艺术节点

5）地标

城市公共艺术经常作为地标出现,如雕塑、纪念碑、喷泉等,往往成为市民和游客对于所处城市感知的标志性意象。地标是众多的要素中最突出的要素,地标通常在较广的范围内都可以看到,甚至在诸多要素中处于绝对的领导地位,同时作为区域中最独特、最令人难忘的认知形象。比如埃菲尔铁塔、自由女神像、凯旋门等成为确定城市身份的外部参照物。

2. 整体意象元素的选取与组织

城市意象的分析方法较好地克服了用科学理性的方法分析城市公共艺术形态要素的弊端,是从人的空间认知习惯出发,研究公共艺术形态要素是如何激发人们产生辨识以及形成记忆的过程。空间记忆使我们得以生活在超乎目前感官所及的世界中。

城市意象的提炼使得场所精神的中心思想具有可读性,城市透过道路、边界、区域、节点、地标五元素组成认知地图(cognitive maps),而可读性高的地方则易于了解与使用。

如美国达拉斯公共艺术计划(Dallas Public Art Program)中采用了整体城市意象元素的分析方法,将该市的公共艺术空间定义为 4 个意象元素:滨河空间、广场及行政中心、邻里社区、城市门户及城市大道。波特兰市公共艺术指南(Portland Public Art Committee)中,将城市公共艺术意象构成元素概括为点、线、面的要素,包括入口、交通环岛、街区拐角、轻轨线、街道(主街、次街、非机动车道)、市民广场。

在长期的实践过程中,城市意象的分析方法已经具备了丰富的实践基础并受到业界的广泛认可。通过要素的提炼可以让规划者在操作的过程中快速地抓住具有结构性的主导要素,当然要素的划分一定程度上具有普适性。而城市公共艺术规划并非简单地套用这种方法,首先在排序方面应当根据不同城市的特点,依据不同要素对城市公共艺术意象的重要程度,对五要素的顺序重新排列组合。这个工作的过程建立在对城市公共艺术资源详细调查的基础上,通过邀请政府管理者、城市居民参与,借助访问、问卷的形式对游客以及相关主体对于整体意象的认知进行统计。

从城市公共艺术意象的认知形成的过程和特点来看,首先,边界是城市居民及外来者进入城市的通道,如城市的门户、高速公路的出入口等依据不同的出行方式有所不同,是形成最初意象的重要环节。很多城市都很注重城市入口公共艺术的塑造,例如在澳大利亚西南部的威尔士城市公共艺术规划中,强调通过塑造城市的入口公共艺术要素,建立对城市整体意象的第一印象。其次,道路是进入城市到深入城市内部的过程,如城市的景观大道、迎宾大道等,是快速形成城市公共艺术整体意象的过程。最后,城市中有很多重要的节点,往往也是人流最集中、关注程度最高的地方,例如市政厅、图书馆、歌剧院等重要的公共艺术设施的节点,规划中加以关注和利用,有助于公众对所在城市的艺术文化意象深入了解和感受。

6.1.3 城市公共艺术空间的场所精神

城市公共艺术不同于建筑及景观,其最大的一个特点就是包含丰富的信息,或者在讲述这个城市的历史,或者在描绘一段故事来彰显城市精神。它的表达并非通过规范化的语言和文字的形式,而是艺术家、规划师和公众等群体将生活的经验以及文化的认知通过实际的生活场景和公共空间呈现在公众面前,其存在的价值已经超越了物质实体本身,真正做到艺术源于生活、高于生活,使得城市公共艺术空间具有场所精神。

因为城市公共艺术并不会受限于统一的形式和内容,其意义的表达具有较大随意性和主观性,对它的意义的理解也会随着时代主旋律的变化及文化和价值观的更替发生相应的变化。所以城市公共艺术的场所精神的营造并非是个别规划师或艺术家恣意地舞动笔墨或者想当然地设计出来的,而是要深入城市的历史、文化、地域特性中去,与市民的偏好、日常生活习惯联系起来。

在当代城市公共艺术规划中,要更加关注城市空间的精神内涵。规划并不是艺术元素的构图游戏,在空间形式背后有着更深刻的含义。这种含义和艺术的主体、表现形式、风格及文化背景有很大的关系,通过赋予主体意义使之成为对市民具有独特精神价值的场所。场所是具有清晰特征的空间,是由具体现象组成的生活世界。简而言之,场所是由自然环境和人造环境相结合的有意义的整体。

1. 中心、路径与领域

挪威建筑历史和理论学家诺伯舒兹,在《场所精神:迈向建筑现象学》中对构成场所精神与场所认同感的空间要素进行了深入的研究。笔者将抽象的空间存在于现实中的生活场景概括为中心、路径、领域三个方面,并对其进行论述,然后将城市空间场所精神的产生过程总结为"仪式化"的过程,把空间的要素和人类的生活经验结合起来,在这一过程的不断积累中,最终形成较为稳定的结构形态。

1)中心

在构成场所精神的要素中,中心是最重要也是最为基本的要素。如广场中心的雕塑、剧场中心的舞者、城市公共艺术中心等。中心的概念如同凯文·林奇提出的五要素中的标志和节点,它可以用于辨别方向、定位自身所处的位置,甚至可以视作各空间要素水平运动的焦点及垂直方向展开的轴线原点。

2)路径

路径是相对于中心而言的,同时也可以作为连接中心内外关系的运动。公共艺术因为具有较强的识别性,在辨别路径方面有着重要的意义。某个街角的雕塑、某个建筑上的壁画都可以成为辨识路径以及确定方位的参照物,若干公共艺术形态要素构成多种路径识别的可能性。

3)领域

空间被路径划分,从而形成了各种不同的区域,即领域。空间的形成单纯地依赖中心和路径两个要素是不够的。两者的状态趋于分散,而领域的存在则将它们统一起来,形成一个紧密的空间。从另一方面来讲,缺少中心和路径两要素的领域是空洞和无序的,真正意义上的空间场所则需要中心、路径和领域三要素的结合。

2. 场所赋意与场所精神

诺伯舒兹从现象学观点发展出的"场所精神"(the spirit of place)概念,认为一个好地方,一个大家都认同和愿意归属的好场所,包括不同时间感染的"天、地、神、人"的时空,彼此相互关联。"天、地、神、人"即在空间中能用五官感知的桌、椅、人气、风云、花木、虫鸟及心灵交集的整体,这是一种共感共存的大集合,形成生命的生存意义。而对环境最具体的说法是场所,场所不只是抽象的区位,而是由具有物质的本质、形态、质感及颜色的具体物组成的整体,一般而言,场所都会具有一种特性或"气氛"。

这种"气氛"源于"可明辨性",即由点、线、面构成的空间形态架构。空间需要有意义才具有活力,需要有意义才容易被人记忆,需要有独特的意义才具有可持续性。而每一件公共艺术的产生都被赋予了独特的意义(meaning)、事件(event)、谈话(talking)或故事(story),这种更具价值、内涵、文化底蕴与持续性的场所的价值是一般的空间要素所不能取代的。

创造属于城市自身的场所精神,规划应当赋予城市"场所意义"。如阅读一本好的书籍,规划将其划分成一个个章节,挑战艺术家、创作者和公众的创造力,使之更能加强人与空间、人与艺术及建筑环境的互动与对话,使空间生命力更加旺盛与丰富,从而激发出一个优秀的作品。简言之,城市空间场所营造若为外在特征,场所赋意则为其内在涵蕴,若能"内外双修",则城市空间必能永久持续发展。

6.2 面向空间实施的规划项目

上述研究主要从公共艺术空间共时性的角度,分别从空间的整体形态架构、城市公共艺术整体意象、城市公共艺术的场所精神3个方面对城市公共艺术空间整体结构的发展进行了展望。

当然,城市公共艺术空间的形成过程是一个动态发展的过程,除了共时性的研究,还必须延展到历时性的角度进行考察。城市公共艺术空间的形成过程及最终的结果,是由其中涉及的多方利益、偏好、目的相互竞争、相互合作的结果。

规划就是将多方矛盾和冲突最终转化成符合共同愿望及集体利益的行动目标,从而实现朝向目标整体一致的努力,最终实现公共艺术资源的整体最优分配。在对全局子资源要素梳理的基础上,选择符合城市整体发展的目标,推动具有催化效应的局部项目的建设,指向具有实施效率的策略的制定。

6.2.1　城市局部公共艺术项目催化

城市公共艺术规划在全面掌握城市公共艺术资源要素的基础上,把握城市发展的整体结构,选择符合整体效益的主题,从而识别那些具有一定规模,且能够为城市或地区持续带来艺术活力的公共艺术项目。城市公共艺术规划并非要求全面地考虑城市中每一个公共艺术项目的实施,而是要抓住那些能够为城市局部地区带来催化效应的重要项目。这种项目的意义就在于不但可以实现个别项目单元的成功,而且可以对周边地区的发展起到催化作用。这种具有催化作用的公共艺术项目将成为城市公共艺术规划主要控制的节点。

催化是一种化学现象,在此可形象地描述为能加快改变城市发展面貌的公共艺术资源要素。规划通过激发这些元素从而产生连锁反应,进而带动整个地区的开发建设。2006 年英格兰艺术委员会的一份调查报告显示,城市公共艺术规划可以有效地推动城市空间演化,可以促进城市空间不断更新。并因此提出了城市公共艺术的催化理论,认为城市公共艺术规划不只是一种公共艺术开发的机制和视觉工程,还是激发城市潜能,使城市不断发展的驱动力,通过一定的规划策略,从城市的局部空间介入,促进一系列的连锁反应的产生,从而激发空间的活力,实现不断更新。

催化是在全面掌握城市公共艺术资源要素的基础上,寻找城市空间的"兴奋点"。催化关注的是持续性和以点带面。其要素包含很广,包含有形的催化要素,从大型的公共艺术设施的兴建,到局部的具有较高艺术价值的雕塑、装置,甚至包括新的艺术政策或艺术创作手法、艺术表演、艺术活动等。这些催化要素只要能很好地加以利用,都可能成为推动城市发展的决定性要素。

1. 利用城市特色性资源，激发催化效应

在城市公共艺术规划过程中可以作为催化的元素很多，但催化的过程还是有赖于对催化元素的全面了解，以及如何将其融入公共艺术项目中。前文已对城市公共艺术相关的具有稀缺性的特色资源进行了相关的论述，由于城市特色资源有其独特的可识别性以及文化感召力，已成为城市公共艺术发展的原动力。

一方面，如果很好地利用这些处于优势的稀缺资源，在项目中转化成催化效应，将极大地激发城市和地区的空间价值。同时对特色资源的利用不仅仅是对优势资源的利用和保护，因为城市的特色资源包括自然、历史等方方面面，其中甚至有目前处于劣势的特色资源，只要能充分地认识特色资源的价值，对其进行挖掘，劣势资源是可以转化成催化要素的。

如桂林锦绣漓江——刘三姐歌圩景区规划以大型山水实景演出《印象·刘三姐》为起点。演出由张艺谋、王潮歌、樊跃导演，利用桂林独特的山水资源，结合刘三姐这样一个美丽动人的中国壮族女性的富有传奇色彩的故事创作而成。演出不着痕迹地融入山水，还原自然，以方圆两公里的阳朔书童山段漓江水域、十二座背景山峰、广袤无际的天空，构成迄今世界上最大的山水剧场。这一演出成功诠释了人与自然的和谐关系，创造出天人合一的境界。将"印象·刘三姐"这一主题分为金色印象——渔火、红色印象——对歌、绿色印象——家园、蓝色印象——情歌、银色印象——盛典五个篇章（见图6-7）。此规划是对桂林山水和人文资源的综合利用，同时又是对桂林山水的升华。项目取得了巨大的成功，观看演出的游客数量由2004年的3 600万人次升至2014年的1亿人次。演出聘用当地的700名群众演员，大大增加了当地居民收入。文化园区每亩地价由15万元增长到近300万元，投资第二年收回本金，年净利润近8 000万元。项目在取得成功的同时，带动了周边旅游产品、娱乐业、酒店业、餐饮业和房地产业的发展。

2. 创造新的活力点，激活地区活力

当今城市公共艺术已随着城市化水平的提高而进入快速发展的阶段，

图 6-7　《印象·刘三姐》剧照

一方面在旧城更新过程中我们要注重保护和发掘原有城市的特色性资源；另一方面在大量新城开发和新的公共艺术项目建设过程中要面对可供开发的独特资源不足的问题。在这样的情况下，城市公共艺术规划要善于创造新的活力点，将其转化成新项目中的催化元素。在全新的项目中催化效应将得到更好的体现，但项目的成功与否将与能否找准定位、准确地把握和预测市场的需求等存在直接的关系。

2010 年，保定市在东部新城开发中，通过建设城市大型公共艺术设施——关汉卿大剧院，实现了以公共艺术项目激活新城开发的策略（见图 6-8）。位于河北省中部的保定市，素有"京畿重地""首都南大门"之称。在城市发展过程中，一方面保定市和全国其他城市一样面临城市转型和再发展的问题，同时还面临着城市空间拓展、新城区发展动力不足的问题。于是保定新一轮的发展战略中提出了"文化兴市"的发展战略，并且通过一系列发展公共艺术的举措推动城市建设，其中包括关汉卿大剧院和保定艺术馆两个大型公共艺术设施的兴建。尤其是关汉卿大剧院，政府在梳理城市公共艺术整体空间发展架构的基础上，采取了用城市大型公共艺术资源带动东部新城开发的战略。关汉卿大剧院于 2010 年委托设计师设计，地址位于东部新城中心。该项目总建筑面积约 67 864 m²，其中大剧院面积 41 621 m²，博物馆面积 18 637 m²。规划以此为引擎，吸引中心城区人口向新城转移，从而吸引投资者。项目产生了一连串的催化效应，规划通过和城市设计相结合，控制和

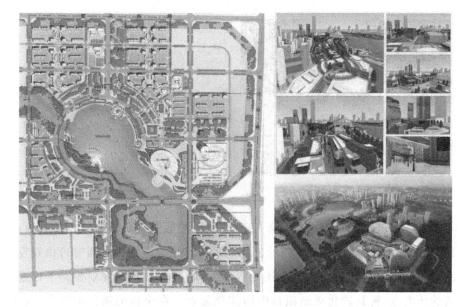

图 6-8　关汉卿大剧院及周边地区城市设计

引导周边开发项目的公共空间建设。建设丰富的步行空间网络和小型的公共艺术节点,将剧院的活力向四周延伸,从而带动自由艺术区、东湖天地、潮流特区、绅士名媛区等多个板块的开发。由此可见创造新的活力点、激发城市公共艺术的催化效应,能够起到激活地区活力,带动地区开发建设的作用。

6.2.2　面向多元主体的策略制定

　　只有掌握正确的规划理念才能保障具体实施策略的制定、实施。城市公共艺术规划从整体的资源要素出发,在掌握城市空间发展的整体结构的基础上,对具有催化效应的城市局部项目实施控制,从而使规划由理念层面过渡到实际操作层面。城市公共艺术的建设过程涉及方方面面的具体操作,如资金的筹集和来源、建设的时序、建设的主体等。尤其在目前政府投入相对有限的情况下,城市公共艺术规划实施策略的作用就是将城市公共艺术的发展与城市的土地开发、项目建设统筹起来。

1. 面向多元主体的合作策略

城市公共艺术的开发行为实际上是为满足城市艺术文化的空间需求而产生的经济活动。我国由计划经济向市场经济转变的过程中,城市公共艺术的建设主体由单一的政府、单位转变为多元的开发主体。一方面,多元的主体带来了多元的资金来源,对有限的公共艺术建设资金起到了有益补充的作用。另一方面,丰富的投资主体也催生了新的城市公共艺术建设合作模式,并且对公共艺术的建设起到了广泛监督的作用。如西湖市公共艺术总体规划的资金来源于个人及会员捐赠、市政基金和发展基金(见图6-9)。

资金来源

图6-9　西湖市公共艺术
资金来源

从某种程度上来说,城市公共艺术规划强调的是理性综合的过程,各种社会团体以及各种利益相关的主体都有机会参与到规划中来,同时主动调动不同主体的参与积极性,使得各种力量相互促进,最终使得城市的公共艺术形象得到改善。

城市公共艺术规划不同于现有规划的一个特点就是通过整体层面对城市的公共艺术资源进行配置,通过明确城市发展的重点和方向,为开发过程中政府与开发商的合作提供灵活的合作框架,创造各种不同的合作方式,并通过一系列策略的制定来保障项目的顺利实施。如赛凡纳市公共艺术总体规划(Public Art Master Plan and Guidelines for the City of Savannah)中规定,公共艺术项目可以由开发商自建,也可以委托公共艺术委员会代建,或委托艺术家建设,政府根据不同的建设主体拟定了相应的项目申请流程和给予开发许可的规定。

在开发建设主体多元化的今天,代表公共利益的公共部门与追逐私人利益的企业的合作必须站在实现政府、公众、企业三赢的角度,彼此通过契约的形式对双方的权责进行相应的约定。最终政府拓宽了资金来源渠道,资源整合实现了公共效益的最大化,企业通过建设公共艺术提升了产品的价值并获取了利润,公众获得了好的艺术享受。

在众多公共艺术的开发项目中不乏在此方面取得成功的案例。例如，在圣保罗（St. Paul）市中心旧城更新过程中，专门建立了旧城开发公司（LRC）这一机构，以推动旧城更新过程中政府和民间的合作。经过近20年的发展，通过远景规划、市场调研和制定融资计划，旧城更新项目累计投资达4.4亿美元，另有1.3亿美元的后续投资。在政府和8 000名雇员、300位居民及500名艺术家的共同努力下，昔日的旧仓库、停车场得到了重新利用，城市又焕发出新的活力。

由此可见，在公私合作的过程中，首先应当为政府、艺术家、开发者和公众搭建一个沟通的基础和平台，明确需要开展的项目，以及识别有开发价值的地区，从而引导各种资源推动区域和项目的发展。

2. 立足长远的实施策略

城市公共艺术不是领导的形象工程，也不是城市的快速消费品。城市公共艺术的建设往往可以影响城市几百年甚至几十代人，这样的例子不胜枚举。回顾当下的城市公共艺术建设，在快速城市化过程中，大量的项目仓促上马，草草收工。相比西方对待城市公共艺术的谨慎态度，这种快速建设无疑创造了许多"艺术垃圾"。"罗马并非一日建成"，一个优秀的城市公共艺术往往需要数十年或几代人的积累。这就需要从开发的时序的角度判断哪个先建，哪个后建，并对其分期实施进行科学的引导和控制，以保证城市公共艺术建设的连续性。

一个立足长远的实施策略的制定关系到城市公共艺术形成的全过程，也在一定程度上与城市公共艺术的建设活动及实施的最终质量紧密相关。不同于传统规划工具性的传统，局限于解决问题、回应具体目标，规划不只是短期的行为而是实现持续性发展，不仅是关注近期项目的实施而且是实现项目的滚动开发，不但是解决当前的建设问题而且是为后期的管理和维护提供相应的保障，以实现全面整体效益。

例如，阿德莱德2008—2013五年公共艺术计划中艺术基金会确定了一个为期五年的资金分配计划（见图6-10），对五年中计划发展的公共艺术空间类别及资金占比做了相应的规定，以作为公共艺术委员会年度计划的指

南。其中,户外画廊艺术的资金占比 35%、管理费用的资金占比 12%、社区
艺术的资金占比 16%、综合艺术的资金占比 29%、其他项目的资金占比
8%。城市公共艺术规划需要在资金和时间上进行合理的安排,保障城市公
共艺术持续建设的需要。

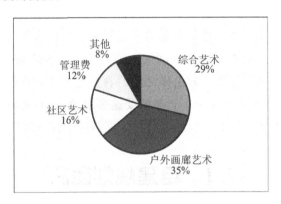

图 6-10   阿德莱德 2008—2013 公共艺术资金分配

7 城市公共艺术行动规划

城市公共艺术产生的背景是相关主体间利益与诉求作用的结果。城市公共艺术规划一方面要对物质空间层面的公共艺术要素进行规划，另一方面还要承担起协调和管理规划主体之间的利益与诉求的责任。规划通过理性的沟通，使得各种相关主体了解和接受这一过程，并且对城市公共艺术的发展远景达成共识，从而形成统一的思想，提高集中行动的效率。

7.1 组建规划团队

城市公共艺术规划中参与的主体往往会因为城市的不同而有所不同，要适应不同的城市必须采用灵活的组织结构。作为一个时刻处于变化中的规划过程，要根据不同的规划需求，增减相应的专业成员。但同时一个具有稳定性的核心团队将为组织的稳定性以及规划和实施的连贯性产生重要的作用。在此将主体组织结构的构成分为两部分：第一部分，是由专业团队、管理团队共同组成的相对固定的操作团队，即核心团队；第二部分，是由相关的专家或非本地专家及广大公众参与组成的有辅助作用的咨询团队，彼此间形成相互配合、相互监督的组织模式。

7.1.1 核心团队

城市公共艺术规划的编制是各个团队分工协作的结果，不同的专业在其中承担不同的职能。核心团队是规划编制过程中最稳定的操作主体，涉及规划的全过程，从职能来看，一方面主要负责规划文件的编制等具体的专业工作，另一方面要对其过程和结果进行管理和评估。因此根据其职能的不同可将核心团队分为专业团队及管理团队两个子团队。

1.专业团队

城市公共艺术规划涉及的学科很广,包括艺术、城市规划、市政景观等城市学科,同时还涉及经济、公共管理、社会学等专业的知识。规划行动过程必须是多专业的技术综合的结果,并且随着规划具体情况的不同,专业团队的构成也会有所不同。在西方大量的实践案例中,就体现了多专业合作的特点。

例如,美国"达拉斯市城市公共艺术规划"项目,由规划师主导,艺术家、建筑师、景观设计师等相关的专业人员配合,对城市公共艺术进行全局分析,提出与其空间发展的架构、各个项目的主题以及后续工作的实施等相应的方案。参与编制规划的团队成员由具备各种专业技能的专业人员组成,如规划师的全局控制和空间想象能力、艺术家的创作和表达能力、用图表及语言表达设计方案的技能等。专业团队不但要完成专业技术层面的工作,还要承担规划专业指导者和协调者的角色,在利益主体和公众间起到信息传达的作用,包括规划的目标、现状、主题、远景等相关专业成果的传达,还要从专业上为公众及各个团体的参与铺平道路。

2.管理团队

城市公共艺术规划的编制及行动的过程不同于一般的规划,而是结合城市公共艺术的全局性特点,由规划部门、文化部门等权威部门的代表及与之相关的利益代表组成参与规划全过程的管理团队。其目的是通过制定与城市发展一致的艺术政策,保证城市公共艺术的全局发展,保证信息沟通中的客观性和全局性以及在协调各种利益的过程中的权威性和公正性。在西方国家,管理团队往往以城市公共艺术委员会的形式出现,构成的成员一般来自两个方面,一方面是城市文化、规划、建设等政府主管部门,另一方面来自非政府团体、第三方机构,如开发建设单位、艺术基金会、美术家协会、文联等。

例如,在美国"赛凡纳市地标和纪念碑总体规划"中,项目开始之初便有一个由 15 人组建的项目管理委员会,在规划的过程中负责监督,并就各主要公共艺术节点进行商讨,达成共识和决策。管理委员会包括 3 名赛凡纳市政府官员(其中1人主导,2人参与)、1名机场管委会成员、1名环境委员会委员、2名市政管理局管理者、1名园林处管理者、3名当地居民、2名社区规划代表、1名社团组织成员、1名印第安协会代表。由此可见管理团队的构成是多元化的,包括政府、公共部门、专业机构、公众媒体等各个社会层面主体。

管理团队的职能主要针对城市公共艺术规划过程及规划成果,包括编制内容和程序的设定,以及对各个阶段执行的情况和公众参与的成果进行评估,并对过程实施监督。其目的是为相关的利益主体提供一个沟通的平台、保持平衡的关系,以及在各种张力中寻求一条可行的路径。管理部门拥有决策的权利,因此往往由具有较高权威性的人或团体来承担,例如,我国国家级的全国城市雕塑委员会主任一般由住建部相关领导担任,各省市的由市长或宣传部长等政府官员来担任。

7.1.2 咨询团队

城市公共艺术规划涉及普通大众的文化艺术需求,规划不只是管理者或专家的精英式的规划,而是充分地倾听民意、反映民意的结果。因此,为了从行动组织上保证公共艺术的公共性特点,除了管理团队的评估和监督以外,还必须邀请与规划没有直接利益关系的专家、学者及普通大众参与规划,提出反馈意见。但是与核心团队不同,这种参与和咨询的方式并非全程参与,而是在对城市空间结构、公共艺术主题的确定等重要的节点有选择地参与。这种咨询的形式按照主体对象的划分可以分为专家咨询以及公众参与。

1. 专家咨询

这里的专家咨询参与主体主要是来自不同城市的专家,这些专家一般和当地没有直接利益关系,所以能站在比较客观的角度对规划过程中重要的工作环节、艺术节点和项目的决策给予专业的指导,如采取专家咨询会议或评审会的形式使专家对规划的形式、主题、方案、空间的远景等,站在一个外来者的角度为操作团队的规划行动提出见解,从而为下一步的行动搜集充分的、相关的、有价值的信息。

2. 公众参与

公众参与是西方城市公共艺术规划中较为普遍的一种形式,贯穿着规划的全过程,其目的是最大程度地保障城市公共艺术公共性的发挥,保障公众表达的权益和知情权。公众参与的好处主要有 4 个方面:首先,可以全面地了解公众的诉求,寻找规划过程中的盲区;其次,公众参与有助于为决策提供依据,以及提高决策的效率;再次,大量信息的汇聚可以提高规划行动的质量;最后,可以通过参与增强公众对城市公共艺术的认识,增加实施的保障。相对于专家咨询这种较为正式的咨询形式,在公众参与的过程中,公众的组织认同感并不强烈,大多数参与的公众都来自与规划所在地直接相关的个人,同时也包括临时组成的代表某种观点的团体或社区组织。参与的方式更为自由、多元,参与的对象也相对广泛,常常采取论坛、听证会、恳谈会的形式。参与的开放程度较高,公众有自愿参与和拒绝参与的自由。参与的场地也不受限制,可以是固定的地点、会场,自己家中甚至互联网等虚拟空间。参与的方式也不相同,包括填写表格、参与论坛、网上投票等。

例如,在亚利桑那州"皮奥里亚市艺术和文化总体规划"(City of Peoria Arts and Culture Master Planning)中,规划经过了两轮公众咨询。第一次公众咨询会主要是发现城市公共艺术规划的集中问题。参与成员 23 人,其中包括 2 名议员、5 名政府工作人员、3 名咨询公司人员、3 名艺术家及多名地方代表。会议就城市的历史文化、公共艺术百分比艺术基金、公共艺术团体组织、公众欢迎的艺术类型、重要的市政项目 5 个方面,分组进行讨论。然后综合各组讨论的结果,总结问题相对集中的领域,构成城市公共艺术规划的初始状态。第二次公众咨询会主要是规划方案咨询。内容是就城市公共艺术的 8 个重点项目进行讨论,通过这次咨询会,艺术家、社区代表、规划人员就方案进行深入交流,以便了解公众的艺术需求。然后项目的投资者和当地商业团体代表就投资和开发、公共艺术资金使用、项目的进展计划等问题与规划团队进行讨论。规划方案以此为规划依据,开展下一阶段的工作。

7.2 规划的程序

因为城市公共艺术规划与城市规划的渊源，在规划程序上二者需要保持一致，但城市公共艺术规划更强调集体参与协商、集体行动，以及规划的循环性特点。与城市规划以少数规划主体来划分程序的节点不同，城市公共艺术规划的节点划分是在集体参与协商、集体行动的基础上，达成一致性的共识来划分规划节点。

在这个前提下，城市公共艺术规划程序是依据主体资源和空间的配置逻辑，构建一个从团队组建到实施监控的循序渐进的过程，大致可分为前期准备、资源评估、远景构建、方案制定和实施反馈5个步骤（见图7-1）。

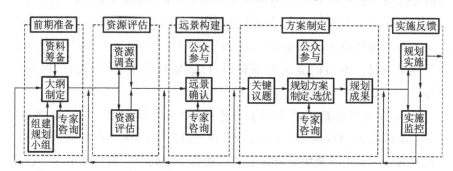

图7-1 城市公共艺术规划的工作程序

7.2.1 前期准备阶段

随着城市公共艺术规划操作程序的展开进入到规划的准备阶段，此阶段重点在于收集相关的基础资料、了解规划的背景、筹建规划小组、明确操作的主体，以及制定相应的规划大纲。

1.基础资料的收集

项目启动之初，全面地掌握相关的资料将为后续的编制工作奠定基础。收集资料的过程必须依靠政府的组织能力和权威性，项目的启动者应尽可能地全面收集与规划相关的内外部资源的资料和相关的信息，包括相关的文献、文件资料及相关利益主体的资料信息。

（1）规划相关的文件：城市公共艺术规划是建立在对城市现有公共艺术资源的继承和整理之上的。因此与规划相关的各种政策文件、上位规划、研究报告、调查的相关数据的收集都可以成为规划编制的基础性工作。因为涉及的资料数量庞大，所以用目录或索引的形式对整理的资料进行汇编，方便需要的时候能够及时得到相关的信息。例如，澳大利亚霍巴特市公共艺术战略（Hobart City Council Public Art Strategy）就对与规划相关的规划文件进行了整理（见图 7-2）。

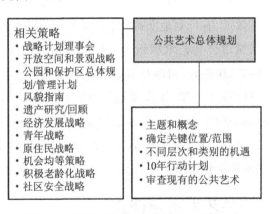

图 7-2 霍巴特项目对相关规划文件的整理

（2）相关利益主体的资料信息：规划过程中不但涉及众多的外部资源要素，还涉及众多内部相关利益主体，这同样也是规划应重点考虑的因素和收集的资源，包括相关艺术团体及公共艺术项目的开发建设主体的相关信息，包括其特征、需求、类型、联系方式等。这样一方面方便规划编制过程中联系和沟通，另一方面也方便梳理出各个主体在规划中扮演的角色和关系。

2. 规划、管理团队组建

组建一个合适的规划、管理团队将为城市公共艺术规划奠定良好的人力基础，并且能让规划的相关主体从规划的初始阶段便参与进来，一方面可以了解规划相关利益群体的意愿，另一方面可以更大范围地调动资源。从中可以抽调各个部门的专业人员组建一个专业团队，或委托有类似从业经验的规划设计院及咨询机构。管理团队则由文化、规划等政府主管部门，开发商,社区等选派代表组建。如亚特兰大公共艺术总体规划(City of Atlanta Public Art Master Planning)在规划开始之初即组建了一个跨部门的规划小组,由公共艺术咨询委员会、文化局、航空部、公共艺术机构、利益相关者委员会、机场利益相关者委员会、小区规划单位、城市设计委员会、亚特兰大市议会组成,并召集各部门领导者和规划利益相关者就规划的内容、方法、艺术百分比政策等举行咨询会议,共同制定规划工作大纲。

3. 工作大纲的制定

在基础资料收集及规划、管理团队组建的工作完成以后,为保障规划的编制和行动过程有效地、有计划地实施,需要拟定一份详细的工作大纲。工作大纲的内容包括城市公共艺术规划的范围或影响的范围、项目可以达到的预期目标、详细的工作内容、时间日程、参与的主体、研讨会及咨询会的时间等。此时为完成阶段性工作,还需要通过组织和召集团队成员对已收集的资料信息、团队组织的组建和成员构成、规划具体的时间和日程安排等问题进行集体商议,可根据具体反馈的信息修改,作为下一阶段工作的开始。至此,规划的前期基础工作结束。

7.2.2　城市公共艺术资源调查

面对多元的公共艺术要素构成和复杂的艺术风格流变,城市公共艺术规划只有在对城市相关艺术资源进行全面考察的基础上界定相关的规划资源,才能认清需要解决的问题及规划行动的方向,认清自身的优势与不足,制定相应的规划策略。

城市公共艺术资源调查不同于城市规划资源调查,其调查的资源对象范围和调查方法都各有不同。从资源属性来看,城市公共艺术资源主要分成外部资源和内部资源两个方面。城市公共艺术资源调查则更专注于内部主体资源,参与主体的社会职能。从调查方法来看,城市规划更多的是从科学理性的角度对相关的数据和指标进行整理,包括类型、数量、分布状况、经济指标等,强调数据的完备性以及系统性。而城市公共艺术规划不仅需要理性的科学数据,还需要通过广泛的社会调查办法,从公共艺术的需求入手,包括主体构成、人口结构、文化信仰、优先权、审美偏好、管理运营状况等,强调对人的重视,避免理性数据造成的对人的忽视。

1. 城市公共艺术外部资源调查

城市公共艺术规划外部资源调查的对象包括既有的法规、社会背景、发展的现状以及周边资源等,以上这些资源要素一部分以统计数据的形式存在于政府职能部门及学术机构的普查数据和调研数据中,一部分需要通过社会调查及访谈的方式获取。

与城市规划对外部资源的调查专注于用地和空间的调查不同,一方面,城市公共艺术规划对外部资源的调查从调查的范围来看更为广泛,包括文化部门、规划部门、开发主体、艺术团体、第三方组织等;另一方面,从调查的内容看更广泛,不但有传统城市规划中的城市用地、人口规模等数据,还有人口构成和需求、受教育程度、收入状况等,以及对城市公共艺术的需求做出合理的预测。

2. 城市公共艺术空间资源的调查

城市公共艺术的内部构成要素资源涉及艺术性资源和主体性资源两个部分。城市公共艺术艺术性资源的调查涉及空间性、时间性、风格性等方面,不但有可以物化的空间实体,还有具有时间性的艺术活动,甚至还有不能物化的艺术观念。因此,城市公共艺术表现形式的多样性和不确定性在一定程度上增加了调查难度,但无论怎样丰富的艺术形式,都脱离不了承载其发生的城市公共空间,并且与城市的空间结构、空间权属、空间形态都存在着密切的关系。

对城市公共艺术艺术性资源的调查首先应建立在城市公共艺术空间资源的调查之上,作为城市规划调查的主要内容,从调查的内容来看主要包括以下几个方面:①城市外部公共空间,包括城市广场、城市绿地、城市公园、城市街道等;②城市公共设施,包括交通设施、文化设施、娱乐设施、教育设施等;③城市主要公共建筑,包括图书馆、美术馆、博物馆、文化中心等;④城市公共交通,包括机场、地铁、公车站、码头等。

与传统的城市规划的空间调查有所不同,城市公共艺术规划的公共空间的调查一方面应当依据不同的城市区域有所侧重，城市之间功能区域的人口构成和发展阶段不同，所面临的问题和发展的目标也会不尽相同；另一方面更强调研究城市公共艺术如何提升城市空间的品质及服务于不同居民，提供高品质的生活。

首先，在研究城市公共艺术的空间分布状况时，通过调查不但要对城市公共艺术整体的分布状况有全面的了解，而且要分析城市用地与人口分布之间的关系，以确定项目的分布及服务的半径；其次，在研究城市公共艺术和提高城市居民生活方面，通过调查的方式了解居民青睐或参与程度较高的艺术表现形式，来引导艺术家的创作活动；最后，通过掌握城市规模较大的公共艺术空间结构，了解发展城市公共艺术的优势和劣势、需要优先发展的区域和项目，从而为城市整体的发展提出合理的预想。

3. 城市公共艺术主体性资源的调查

城市公共艺术规划的主体性资源是指参与公共艺术规划过程中的各个社会主体。这些不同的社会主体因为生活经历和环境以及社会地位的不同，对城市的需求和期望也会不同。因此，了解各个社会参与主体的需求和目的，有助于城市公共艺术规划的制定和艺术公共性的最大化。在城市公共艺术主体性资源的调查过程中，需对规划参与主体所期望的城市公共艺术的未来发展进行了解，然后纳入到城市公共艺术规划的目标制定中，并且在实施规划的过程中，对各个主体的利益进行协调，实现合作共赢。另外，关于参与规划主体的愿景调查，需要考虑到不同社会群体的特性，选择适当的调查方法。

与城市规划不同的是，公共参与是城市公共艺术规划不可缺少的环节，它反映了公共性是公共艺术不可或缺的基础。关注公共诉求和公共参与是城市公共艺术规划表达公民自身诉求和意愿，以及保障每个公民有平等分享艺术福利的权利的重要前提。

7.2.3 城市公共艺术远景的构建

城市公共艺术远景的构建，可以对规划过程以及规划后续的工作起到评估及引导的作用。面对存在不确性和时刻变化的过程,要对未来城市公共艺术提出准确的目标是困难的。只能在全面地掌握内外部资源情况以及综合城市大的发展形势的基础上,构建城市公共艺术的远景。

1. 城市公共艺术发展趋势的评估

城市公共艺术规划是顺应城市发展而产生的,编制规划的城市往往都面临新的需求与挑战或者出现新的发展机遇,需要在此之上谋求城市公共艺术的变革与发展。因此识别这种机遇和变化以及预测它对城市公共艺术会产生的影响,对可能产生影响的因素进行排序将是评估城市公共艺术发展趋势的主要任务。

影响城市公共艺术空间发展和变革的因素可能来自很多方面。城市重大事件的发生、重大项目的引入以及重要的公共资金注入,都可以导致城市公共艺术空间形态的变化。有些较之不明显的影响,潜藏在城市发展的社会、经济、文化中,例如市民需求的提升、居民收入水平的提高、城市经济发展方式的转变、社会发展更关注公平与福利等。

由于影响的因素来源于多个方面,为了配合规划的行动,对公共艺术资源进行合理配置,需要就各个要素对城市公共艺术空间发展的影响因素进行评估、排序。SWOT 分析,即优势、劣势、机遇和威胁四个方面的综合分析方法,是对城市公共艺术发展及变化的趋势和资源之间的关系进行评估和排序的有效分析方法。所谓优势和劣势即城市公共艺术发展所具备的或缺少的资源及竞争优势;机遇是引导城市公共艺术向良性发展转变的趋势;威胁指的是导致不良结果的趋势。通过以上的排序可以将城市公共艺术所面临的压力顺势转化成发展的动力,然后正确面对自身的劣势和威胁,合理地利用自身的优势,从而正确地判断发展的趋势,确认城市公共艺术发展的远景。2006 年,英格兰艺术委员会针对城市公共艺术对城市商业的促进作用等问题,通过 SWOT 分析综合分析了英格兰现有公共艺术现状,并评估现有的规划政策,确定发展的方向(见图 7-3)。

2. 城市公共艺术发展远景的确认

在专业团队提炼出关键性资源要素,对城市公共艺术发展趋势进行综

STRENGTHS	WEAKNESSES
• The arts can assist with increasing footfall(36% from survey),visitor+ customer satisfaction(40%)and raising an area's profile(31%) • 82% of UK BIDs+TCMs had used arts • Good international evidence for use of arts in area-based TCM schemes • Culture helps with differentiation now and in future(World Tourism Organisation) • Cities in UK and overseas are sold on idea of regeneration through culture and arts • Arts and culture also contribute to safety and improving the built environment • Even small budgets can provide big local impacts • DCMS and Arts Council England are committed to principles of cuiture-led local regeneration	• Businesses require hard evidence for impact of Arts:current economic evidence base is weak or hard to substantiate • Interest in arts more likely to depend on individual action than business policy • Actual annual BID/TCM budgets are modest(78% under £200K from survey),with only 3% spending more than 10% of total on arts+culture • Many outcomes of using arts in BIDs are 'soft',and less attractive to business sector as arguments in favour of including culture • Potential 'Familiarity Split'(or culture clash)between Business and the Arts,perceived as having differing values,objectives etc • BIDs often seen as sitting outside of wider partnerships which drive local regeneration
OPPORTUNITIES	THREATS
• Keenness of agencies such as ACE, ATCM+Arts & Business to develop opportunities for Arts in BIDs • Addressing support needs around funding and partnership brokering • Encouraging pilot projects on a small scale to build confidence and give models of good practice for all BIDs • Guidance and education for local authority officers and elected members in the value of the arts • Linking arts in town centre regeneration with Government policies on sustainability and liveability • Creating support packages,including training,for arts practitioners in working with BIDs/TCM partnerships • Boosting media coverage and dissemination of good practice more widely • Growth of niche tourism markets	• Barriers include lack of funding,lack of time or officers to create and rum arts programmes and projects • 'Crime and Grime'issues are highest priority and drive culture down the pecking order • Geographic delimiters of BIDs might constrain partnership working and cross-boundary developments • Not coming up with the evidence and arguments to convince BIDs/TCMs to make more use of culture,would perpetuate marginalisation of arts • The current parlous state of the retail sector nationally could make it difficult to persuade BIDs/TCM that arts are not just a luxury item • Growing perception and concern over the increasing privatisation of public spaces by the private sector (shopping centres in+out of town)

图 7-3 SWOT 评估

合评估之后,政府部门、开发商、投资者、各个领域的专家及公众即可对城市公共艺术发展远景提出愿望和建议。

这些反馈的信息通过汇总、排序之后,便可以通过公众参与、公开论坛的形式向相关利益群体公开,以确定公共艺术使用者的期待,初步获得一个达成共识的远景。此时为完成阶段性工作,还需要通过组织和召集团队成员对城市公共艺术规划的阶段性工作进行汇总,对修正后的城市公共艺术远景进行讨论,通过第二次集体商议,决定以研究报告的形式对远景进行确认。

华盛顿公共艺术规划项目采取了一系列公众咨询的方式,来获得人们对地区发展的认识、期待,以及对城市公共艺术远景的意见。项目通过对公众喜好的调查,总结并提出 3 个方面的倡议:①创新的城市,即用艺术塑造一个创新的华盛顿,将公共艺术作为城市经济策略的一部分,塑造城市的创意形象,培养城市的创意资源;②绿色艺术城市,即增强环保意识,提高社区公众参与环境保护的意识,用艺术揭示地方的公共空间与自然环境的重叠,探索新的视觉和艺术的方法来管理环境的流程和系统,培养社区居民的环保意识,如艺术家设计的雨水花园、雨水收集器等;③社区融合的华盛顿,即通过艺术创建一个新的公民和社区结构,构建新的社会网络,使之成为一个充满活力的城市,通过塑造城市的视觉特征和视觉形象,实现公共领域改造和振兴。

3. 关键性资源要素的提炼

从规划的背景和场地空间来看,涉及的资源要素众多,必须提炼和城市公共艺术规划成果关系最密切的要素和特色资源。可以从以下几个方面进行提炼。

从背景分析来看,包括两个方面:一是政策背景,包括城市已有的和城市公共艺术规划相关的,制定中和已实施的规划及政策;二是历史背景,包括重要的历史事件、历史人物、历史艺术遗存,以及历史文献、图片等。以上两方面都可以作为重点关注的部分。

从空间及场地资源要素来看,应当重点关注城市自然资源(包括城市的动植物、自然奇观等)、城市形态要素(公共空间格局、地域地貌特色、空间视线廊道)、城市交通结构(城市步行系统、交通可达性、重要的公共交通)以及城市重要艺术资源(艺术馆、博物馆、市民文化中心等公共艺术设施,雕塑、壁画、装置等公共艺术装置,重要的活动举办地等公共艺术场地)等。

例如,2012 年伦敦奥运会期间,中国成都为推广其城市形象和旅游资源,提炼了成都的关键性要素,策划了一场以熊猫为主题的公共艺术活动(见图 7-4),其中包括由 108 个"熊猫人"组成的声势浩大的"毛茸茸的行为艺术":坐上双层敞篷巴士环游伦敦市区,在唐人街与市民互动;在伦敦市中心的广场举行一场视觉秀——"熊猫太极";将50辆伦敦市区的出租车全身粉刷成熊猫头像。这一公共艺术活动几乎抢占了所有英国主流媒体的版面,甚至远在美国、日本、新加坡的媒体都做了报道。"108只熊猫入侵了",英国《每日邮报》这样写到。这场活动堪称一次成功的城市公共艺术活动策划和成功的城市营销,也是对城市关键性公共艺术要素的最佳提炼,"Chengdu"(成都)的英文字母通过这次公共艺术活动深入人心。

图7-4　毛茸茸的行为艺术

7.2.4　城市公共艺术规划方案的制定

在初步确定城市公共艺术远景之后,规划将面对众多实质性的问题,包括对相关议题的评估与梳理、方案设计及优选、规划方案的制定以及规划的反馈与更新等。

1.规划相关议题的评估与梳理

通过对资源要素的全面梳理以及SWOT分析,可以形成城市公共艺术规划的相关议题的文件,其中既有相关背景也有具体的问题,既有存在的优势也有面临的劣势。并非所有的问题都要求回答,其目的是为规划者、艺术家提供一个认识和思考问题的环境。

规划中主体行动的矛盾可以归结成各种审美偏好和各种力量的相互牵

引,规划的目的并非导向一个遥远的或单一的目标,而是通过平衡和协调问题和主体构成的关系网络,在各种力量间寻求一种平衡。议题的评估是对城市公共艺术当下发展形势的总体认识,通过排序和优选的方法对城市公共艺术发展的焦点形成战略判断,进而确定规划行动的焦点。

2. 方案设计及优选

城市公共艺术远景为规划提供了总的指引目标,是对城市公共艺术发展的空间战略概括性和整体性的描述。规划议题的评估则确定了城市公共艺术发展的关键问题以及排序,在此基础上便可以将空间发展战略上升到理念层面,用相关的设计概念和设计主题来诠释公共艺术远景的含义。可将其理解为用更具针对性的行动来描述空间发展战略或行动战略。在设计概念和主题的统领下,寻求对主体和客体资源进行时空的优化配置,包括城市公共艺术的布局、形态,城市公共艺术设施、艺术形式、题材以及实施策略等。因为涉及的内容丰富,并不能得到绝对正确的结果。为扩宽思路,避免方案的片面性,往往会设计多种方案,然后通过比较、综合,得到最优的方案。

以 2008 年香港西九龙文娱艺术区的规划为例,三家规划设计顾问公司分别为英国的 Foster＋Partners,香港的许李严建筑师事务所和荷兰 OMA 的库哈斯。

Foster＋Partners 的"城市中的公园"一案,一开始这样描绘城市公共艺术远景,"城市,是由小巷、街道、公共空间、公园和好几颗公众的艺术宝物所交织而成的"。规划方案用一条中央大街将东面的九龙公园和西面的巨型海滨公园联结,街北边为高层商业楼宇和小部分小型艺术设施,重要的公共艺术设施主要集中在南面,包括大中型剧院、音乐厅、戏曲中心、舞蹈戏剧学校、博物馆等,以步行街的方式将众多文化、商业设施组织起来。方案主要突出西面的滨海公园,将歌剧院等艺术设施隐没在森林之中(见图 7-5)。

许李严在方案中提出"文化经脉,持久活力"的概念,反复陈述美好的城市不在于"炫耀几个地标",而是通过艺术生活的能量,来维持城市延绵不断的城市活力。在平面结构和功能布置上和福斯特的方案大致相同,不同的

图7-5　福斯特方案

是许李严似乎想让某种"动态"的几何语言涵盖全区，使西九龙文娱艺术区都显得不平凡，以表现他们所追求的"艺术的能量"。方案大胆地将一座大剧院放在基地西南角，颇有悉尼歌剧院背靠公园和城区，面向海港优雅绽放的风范，为维多利亚港平添了一顶"文化皇冠"（见图7-6）。

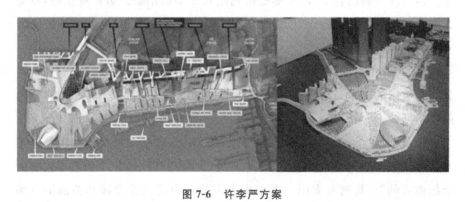

图7-6　许李严方案

　　库哈斯的方案提出"村落"的概念，分为"东艺""西演""中城墟"三个部分，并且空间由三种元素构成：村落、园林地貌、街道风貌。规划试图用"村落"的概念将社会各界繁多而看似矛盾的期望消化，摆脱以庞大浮夸的建设来满足大众的迷思，消除"新""旧"九龙之间存在的疏离和对立。其规划与福斯特的方案具有不同美学观感，库哈斯的方案有意识地抵制单一的"城市绅士化"趋势，竭力想把高雅艺术与草根艺术、全球化与九龙本地社区、都市和乡村等多重矛盾的因素并列或交织起来，为西九龙文娱艺术区的定位和开发做出了十分有价值的贡献(见图 7-7)。

图 7-7　库哈斯方案

最后规划以福斯特方案为基础,综合三家方案中其他两家的优点,如许李严方案的一些具体场景构想(如滨水的歌剧院和水上艺排等),以及库哈斯方案所展现的城市美学多样性和混杂性的特点。

3. 规划方案的制定

在对规划相关问题进行评估与排序之后,城市公共艺术规划就进入到方案成果的制定阶段。通过对西方规划成果形式的考察发现,由于规划的各个阶段都有良好的公众参与,参与的各个主体对规划已达成了相互的默契,最后规划的成果形式可以根据不同主体的需求以不同的形式来体现。如针对政府和管理部门会以规划报告的形式出现,内容包括详细的规划的程序、进程、分析的过程、开发指导等内容。而针对公众与项目的开发主体,多以条款的形式说明规划的决策。

在华盛顿公共艺术规划项目中,规划报告的内容如下。

(1)图纸:用平面图的形式说明城市公共艺术规划布局和城市交通的关系,如与步行道、街道景观项目、巴士路线、城市大道走廊、主要街道走廊、遗产步道、艺术区、河流走廊的关系,城市公共艺术与城市重要的公共设施之间的联系,如与娱乐中心、图书馆、交通项目、地铁车站、政府办公场所的关系。然后以平面图、表格以及设计效果图等图解规划范围内区域性战略以及设计概念,并辅以详细的经济、社会、视觉、技术方面的分析。

（2）以报告、图标的形式，框定相关的利益群体、投资主体、项目概览等，确定规划的管理和实施的程序以及步骤（见图7-8）。

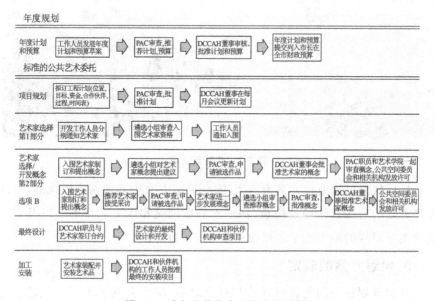

图 7-8 城市公共艺术实施流程示例

（3）各个城市根据具体需要，用附录的形式详细说明。如在华盛顿公共艺术规划项目中，附件包括联系和协商、地图、程序图、公民委员会图、立即行动和优先发展的项目、标准示范工程过程图、建议资金分配表、艺术家征集的方法、计划项目条款、所有权及维护和保护图；切斯特菲尔德公共艺术规划的附录包括相关定义、角色和职责、艺术家的选择和设计审查过程、准入政策、礼品和贷款政策、捐助者确认政策、切斯特菲尔德湾公共艺术收藏管理、公共艺术活动、各个城市公共艺术经费的比较。在方案制定的过程中，清晰、易懂、直观的图表和方案是相关利益群体协商以及公众沟通的最有效的渠道。规划小组通过这一渠道获取各个主体的意见，对方案进行反馈和修改。这样一方面可以使得方案更完善，同时可以获得公众的最大支持，为规划顺利实施创造条件。

7.2.5 规划的反馈与更新

在论述了城市公共艺术规划的编制过程和编制成果的构成之后,规划将进入操作阶段,涉及如何与具体的操作相衔接,以及如何把规划成果与实践联系起来。

1. 规划实施的保障

城市公共艺术规划如果要实现与实践对接,对城市的开发建设行为起到引导和控制的作用,必须将规划的成果以及提出的相关概念和建议转译到规划的相关文件中。规划一方面要实现对这些资源要素的管理,另一方面要实现对相关主体的管理。只有在公众、规划者与执行者之间建立一种共同的协议,保持合作的关系,才能实现这种管理的双重目标,为规划的实施提供保障。

规划的实施不同于规划方案的编制,实施包含了所有管理的内容,实施的主体以行动为导向,实施的工作就是让其顺利的实现。为保障顺利的实施,就必须从规划涉及的各个层面的组织关系着手,配套相应的规则、制定相关的法律和制度、拟定财政预算等都将成为规划实施的工作内容。

因为不同的城市规划实施的方式和内容会存在差异,但是在基本的任务和目标及核心的问题上还是存在一定的共性。包含以下 6 个方面:①明确规划实施的主体包括各种组织和相关部门,确立其合作的关系,将规划方案提交给涉及的市民组织和艺术组织,鼓励每一个组织制订自己的发展计划以参与到整个城市公共艺术规划的执行中来;②制定相应的实施程序及政策,如公共艺术百分比政策,鼓励公共艺术发展的政策,为实施提供资金的保障;③鼓励和指导公众参与,制定参与的日程,共同建设城市公共艺术环境;④建立良好的反馈机制,并及时对反馈信息做出回应;⑤强调规划过程中领导者的作用和权威性,从而使规划的实施水平不断提高;⑥建立完善的艺术家的遴选机制和艺术家库。

在规划实施的过程中,为保障规划的成果能够有效实施,制定相关的法律是关键。首先,要通过法律的程序,认定城市公共艺术的规划团队、规划程序的合法性;其次,认定城市公共艺术规划的成果作为各层次规划及项目实施法定程序的背景文件,项目中与公共艺术相关的开发行为必须遵照其规定才能获得开发许可;最后,将规划的成果融入法定规划的各个层次,并遵照规划提出的概念、原则及策略予以实施。

2. 规划的反馈与更新

城市公共艺术是随着城市的发展不断变化的,在规划实施的过程中,应对变化的能力和弹性也是必不可少的。规划过程中不断有新的主题产生,也有旧的主题被解决或退出。这时规划的方案和实施策略也应做出相应的调整,同时相关的主体也会发生变化。因此着眼于动态变化的过程,建立一个及时反馈和更新的程序对于实施过程及实施结果的监控都具有重要的意义。例如:以5年为一个周期对规划进行修编,对维护和管理的结果进行评估,对公共艺术的使用情况进行评价,对公共艺术基金的使用状况进行监控等(例如华盛顿的环境评价);定期在更大的范围内对规划的实施进行评估,根据各方意见对规划进行修正或调整;在总体规划实施的基础上,根据具体需要发展一些单项规划,例如艺术设施规划、公共艺术旅游规划、公共艺术活动规划等。

7.3 规划成果表达

从城市公共艺术规划的程序可见,信息的反馈是贯穿规划过程的核心内容,任何实施活动及决策都是以信息反馈为基础的。通过有效的渠道收集信息,并对信息加以分析,以选取有效的信息达到调整规划行动的目的。出于规划效率的考虑,信息的来源不可能是全体的公众,而是通过组织、界定参与的群体来保证反馈有效的信息。信息已成为规划行动中重要的媒介,是人和人沟通的桥梁,是主体成员间连接的纽带,是协调内部与外部资源的工具,以及实现共同目标的保障。

信息的管理关系到信息的有效性、信息的传递过程以及信息的转译,分别可以对应于城市公共艺术规划信息反馈过程——规划技术成果的表达、信息传递及收集的方式。

城市公共艺术规划战略性的特点决定了规划相关主体的多样化,一方面规划要保留传统规划的技术性特征,同时也要作为与公众沟通的平台。因此规划成果将起到一种传递信息的作用,成果表达方式的有效性和多样性,直接关系到受众能否理解以及有效地接受信息,因此又将反过来影响到规划的编制、实施及反馈。

7.3.1 可理解的表达目标

城市公共艺术的成果表现形式是多种多样的,例如在城市总体战略层面可以是规划报告或图表的形式,在城市局部地段可以是空间蓝图、效果表现图或模型的形式,在具体参与行动的阶段可以是参与手册、程序说明的形式。不管表达的方式如何,表达的最终目的是使所有的行动相关者包括非专业人士都能够理解,这也是信息传递的第一步,如图 7-9 所示。

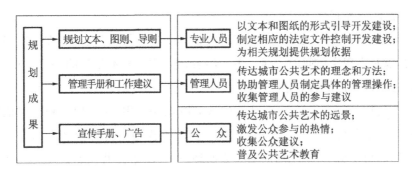

图 7-9 针对不同主体可以理解的成果形式

哈贝马斯(Jürgen Habermas)的沟通行动理论认为,易理解、合法性、真实性、真诚性是沟通各方语言交流的基础。沟通是民主的前提,是实现公共艺术公共性的前提,是保证公众参与有效性的前提。哈贝马斯所提出的四个条件为沟通与行动描述了一个理想的模式、一个信息沟通的前提,以及提供了一个"理想的话语情境"。城市公共艺术不是少数人的艺术,也并非艺术家个人的创作行为,需要得到所有人的理解,即便是那些受教育程度不高的人及没有专业艺术修养的人。首先,要少用晦涩的专业术语,多以描述性的语言或清晰的图例来表达;其次,要直入主题,突出重点,简明扼要;最后,对于空间的展示,可以采用多媒体展示的办法和可视化的展示手段等多样化的表达方式。

7.3.2 多样化的表达方式

城市公共艺术规划因为其空间战略性及行动多元性的特点,常常依据不同场合的需要采用不同的表达方式,具有多样化的特点。从表达方式来看,既有抽象性的表达也有具象性的表达。在抽象表达方面,一方面通过对规划进行工具性的描述,使参与者了解规划行动的目标,从参与者的反馈中收集相关信息;另一方面则是利用图表、文本的形式诠释城市公共艺术总体空间发展的概念。有时为了让参与者更为直观地了解城市公共艺术空间发展的方向,常常采用具体的、意向性的表达方式,通过多维的技术手法表达空间形态的发展意象。如采用平面图、透视图、动画等电脑模拟表现形式,或多媒体、虚拟现实技术等。

但是无论怎样的表达方式,其目的都是传达有效的信息,更方便参与者理解,以及实现主体间的沟通。多元的表达方式本身不是目的,而是通过表达传递或许有价值的信息。

如芝加哥公共艺术计划(Public Art Program)中,为了使规划更好地指导规划决策和公众参与,分别从城市公共艺术规划相关管理部门和公众两个不同的角度出发,将规划成果分为两种形式:城市公共艺术指导文件及城市公共艺术宣传手册。城市公共艺术指导文件如《芝加哥公共艺术计划指南》(*Guidelines for the Chicago Public Art Program*)是供城市公共艺术规划管理部门使用的文件,具有直观清晰、简单实用的特点,用以解决城市开发过程中有关公共艺术的问题。内容包括公共艺术百分比计划、公共艺术项目的选择、艺术家的职责、艺术品收藏与捐赠、艺术展览及艺术活动、千禧公园(Millennium Park)和芝加哥艺术中心艺术计划。该文件为以上内容提供了一个简单的操作工具,规定了需要在各个层次的规划中贯彻和实施的公共艺术的内容,为规划项目的审批提供一定的依据。

公共艺术宣传手册如《芝加哥公共艺术规划宣传手册》(*Brochures for the Chicago Public Art Program*)是供广大市民、游客、投资者使用的文件，特点是通俗易懂、形式活泼、内容生动，是为了宣传芝加哥的公共艺术特色、服务游客、吸引投资者、营销城市形象、提高公众参与热情而制定的文件。目的是在政府、专业人士与市民之间架设一座沟通的桥梁，增强公众的了解、普及公众的艺术修养。

　　规划正是通过指导文件实现城市规划和城市开发建设的对接，通过宣传手册实现规划和公众之间的沟通，形成一种双向互动的规划成果模式。

7.4　信息反馈

　　随着科技的进步，规划相关主体和公众之间的信息沟通方式和渠道也逐渐多样化。一般而言，常见的方式包括规划公示、社会调查、专家论坛等形式。

7.4.1　举行规划公示

　　在城市规划逐渐倡导阳光规划的今天，规划公示逐渐受到规划主管部门的重视，已逐渐成为公众参与的重要手段，国内外很多城市甚至出台相应的法律规定鼓励这种参与形式。例如，深圳市早在1998年就颁布了《深圳市城市规划条例》，其中对规划公示做了相应的规定：全市的城市总体规划草案评审前，先由深圳市规划委员会就草案的内容组织向社会公示30天，广泛收集并评估各个阶层意见，供规划参考。条例对展示的方式、地点、时间、公众反馈信息的方式也做了相应的规定。由于城市公共艺术并非法定规划，对此没有做明确要求，但就规划的具体行动来说，已经出现了类似的展示方式。

　　在法规层面逐渐受到重视的同时，规划公示的方式也逐渐多样化。在咨询技术日益发达的今天，互联网、电视媒体等形式已经和我们的日常生活息息相关。这些新的信息传播技术也为提高规划公示的效率、丰富公示的形式提供了多样化的平台。如2012年乌鲁木齐"飞天神女"雕塑，短短3天时间引来数百万网民关注,最终在网民痛骂声中被拆除(见图 7-10)。

图 7-10　飞天神女雕塑在公众痛骂声中被拆除

7.4.2　开展社会调查

通过社会调查能够取得城市公共艺术规划的第一手资料,并且可以获取大量真实、可靠、生动、详尽的信息,城市公共艺术规划的社会调查方法较多,常用的有问卷调查法、访问调查法。各种方法各自具有其优缺点,在使用过程中可依据实际情况灵活选择。问卷调查法是为一定的调查目的而统一设计的,用于收集资料的一种工具表格,其优点是范围广、容量大、易于定量研究、问题回答方便、自由和具有匿名性及调查成本低廉,其缺点是回复率和有效率较低、被调查者合作情况无法控制,以及缺少弹性、难以定性研究;访问调查法又称访谈法,即有计划地通过口头交谈的形式,直接向被调查者了解有关规划的信息。与问卷调查法不同,访问调查法较容易实现访问者与被访问者之间的互动,调查的过程可控程度较高,调查的成功率和可靠性较高,但缺点是人力投入较大,主观性较强。前者多用于大面积的调查,方便做定量研究,而后者适合于城市公共艺术规划中具备一定专业知识的关键性的参与者。

例如,澳大利亚恩西尼塔斯市艺术总体规划做过一个涉及超过 28 000 位居民的庞大的社会调查,调查就恩西尼塔斯市公共艺术规划的关键问题进行民意调查,主要包括“什么艺术媒介是公众最喜欢的”(见表 7-1)、“什么场地和活动应当鼓励”(见表 7-2),以及“最受欢迎的音乐会、表演艺术”等。

表 7-1　"什么艺术媒介是公众最喜欢的"的调查结果

Answer	Rate	Answer	Rate
Performing Arts Center	66%	Artist's Co-op(City Assisted)	42%
Concert Series	61%	Amphitheater	40%
Art Studios	55%	Museum	39%
Film Festival	54%	Art Tours	32%
Arts Market Place	48%	Cultural Districts	30%
Public Galley	46%	Other	12%
City-wide Art Festival	44%	Did not respond	2%

表 7-2　"什么场地和活动应当鼓励"的调查结果

Answer	Rate	Answer	Rate
Theater	72%	Performance	51%
Movies	47%	Dance	46%
Photography	44%	Drawing	42%
Sculpture	40%	Writing	38%
Crafts	37%	Singing	34%
Cooking	31%	Acting	28%
Poetry	26%	Other	22%
Clay	22%	Story Telling	21%
Movement	12%	Weaving	9%
Scrap Booking	8%	Body Art	7%
No response	1%		

7.4.3　组织专家论坛

在规划的制定过程中,组织专家论坛是公众参与及交换信息的主要方式。这种集体论坛的表现形式也是多种多样的,如专家论坛、专家咨询、头脑风暴、联合设计等。因为能够较大范围吸收业界精英人士为城市公共艺术规划及发展出谋划策,有助于把握城市的发展远景,组织专家论坛成为近年来较为流行的一种公众参与的方式和获取信息的渠道。

事实上，专家论坛之类的活动近年在国内也逐渐增多，一般是在几天时间里，就城市公共艺术规划的关键问题进行讨论。例如 2006 年 6 月，由全国城市雕塑建设指导委员会和广州市人民政府主办，中共广州市委宣传部、广州市城市规划局承办的"广州城市公共艺术暨城市雕塑论坛"；2010 年 4 月，由陕西省人民政府、西安市人民政府等举办的"中国城市广告标识与公共环境设施艺术论坛"；浙江台州每年一届的"台州公共艺术高峰论坛"，首届论坛邀请了中国台湾地区著名公共艺术家颜名宏、中国美术学院公共艺术学院教授马钦忠、中央美术学院城市设计学院副院长王中及城市规划部门的规划专家、学者们和市民代表展开交流，共同探讨城市公共艺术整体提升之路。

一方面，论坛可以将集体讨论这种信息沟通形式融入规划过程的各个节点，达到推动规划进程的目的。首先在规划开始之初，可以让规划团队成员与参与者通过提问、倾听和交谈的方式，在不明确研究问题的情况下逐渐缩小研究对象的范围；然后逐步确定规划研究的问题，在问题得到确认以后，通过同样的方式就研究的具体计划广泛地收集意见；最后，在研究的具体计划告一段落后，可将规划研究的成果告知参与者，征询意见，作为后续研究的依据。

另一方面，在集体参与的环境中信息能有效地汇聚，从而调动大家的积极性，激发集体群策的力量，通过相互辩论、提意见、不同方案的比较以及协商解决等办法，促使参与者共同面对规划中的问题，提高解决问题过程中的自觉意识。

结　　语

城市公共艺术是城市文化的精髓，是城市精神的汇聚，是城市发展的资本，在全球化竞争中发挥着越来越重要的作用。在我国已将文化事业和文化产业提到国家战略高度的背景下，城市正迎来城市公共艺术发展的良好时机。城市公共艺术规划在城市经济、文化、社会转型过程中的作用也逐步显现。面对城市公共艺术整体发展的现实需要、新旧体制的碰撞与冲突以及多元化的艺术诉求，城市公共艺术规划的理论和实践已显示出旺盛的需求。城市公共艺术规划是西方国家为应对快速城市化和理性规划造成的城市文化丧失等问题，实现城市文化、经济、社会的可持续发展而形成的一种规划类型，有着广泛的实践需求。为此，我国城市规划不断从西方国家的发展轨迹中寻求解决问题的出路，并不断向其他学科学习，以寻求自身的突破与变革。

本书通过总结西方城市公共艺术规划的发展历程和实践经验，以重建城市规划的艺术生活理想，提高其对现实发展的应对能力。根据城市公共艺术规划和城市规划同根同源的特点，对城市规划和城市公共艺术规划的历程进行梳理，对规划的理念、工作的领域、规划的内容方法和艺术性进行比较，判断各自独立存在的基础及相互结合的路径。并对东西方不同的城市发展背景与当下面临的现实问题进行了比较，发现和选择当下可能存在的发展路径。结合我国城市发展的现状，率先提出构建我国城市公共艺术规划的工作框架和内容的构想。

在不动摇现有城市规划体系的情况下，本书提出利用理性综合规划的优势，针对城市规划艺术生活价值缺失、重经济轻文化、见物不见人、自上而下等问题，以排斥性最小的一种方式，以一种先锋的姿态引导城市规划朝其艺术生活价值回归，以实现城市公共艺术的公共性价值，适应城市的整体发展。

本书初步构建了城市公共艺术规划的工作框架和内容,其特点如下。

(1) 城市公共艺术规划是一种战略性和整体性思维,是对城市或地区公共艺术空间整体性的谋划。规划表现为空间和行动两个方面,其核心目标是空间结构的整体谋划以及规划行动的协商参与。其一,城市公共艺术规划并不仅仅是规划具体的公共艺术项目或公共艺术品,而是以一种战略性的眼光,识别城市公共艺术发展的全局资源以及关键议题,梳理影响城市空间发展的关键性要素,从而确定有潜力的地区和艺术类型,制定城市或地区的发展战略;其二,城市公共艺术规划强调协商参与的规划行动,为相关的主体提供参与协商的平台。

(2) 城市公共艺术规划框架将公共艺术空间远景与协商参与的规划行动相结合,通过协商参与的规划模式,顺应当今民主化的要求,最大限度地保证了公共性价值的实现,使艺术家认识到一个真实的公共领域。同时该规划模式可以视作城市规划由"蓝图式"规划向"过程式"规划,由"规划导向"向"行动导向"迈出的重要一步。

(3) 城市公共艺术规划框架由 3 个部分组成,分别是作为规划行动基础的资源要素,作为规划行动方向的公共艺术空间远景,以及作为行动保障的协商参与。首先,资源要素可以分为由法律法规、历史背景、发展现状、周边环境组成的外部资源及由艺术性要素和主体性要素组成的内部资源要素;其次,城市公共艺术空间远景包括由空间结构、空间意象、场所精神所构成的城市公共艺术空间形态架构,还包括由重要的主体和具有影响力的项目构成的空间行动焦点;最后,协商参与的规划过程是规划的行动保障,包括规划的组织、规划的程序以及规划的相关技术三个方面,由技术团队和管理团队组成的操作团队,以及由专家和相关利益主体组成的咨询团队为城市公共艺术的成功编制提供了组织保障。由前期准备、资源调查、远景建构、方案制定及实施反馈 5 个阶段组成的规划程序,构成了一个由空间远景到规划行动的完整过程。而多样化的成果表达方式及不同的信息反馈渠道为参与协商提供了相应的技术支持。

参 考 文 献

[1] MILES M. Art, Space and the city [M]. New York: Routledge Press, 2007.

[2] CHADWICK G. A Systems View of Planning [M]. Oxford: Pergamon, 1971:24.

[3] JOKILEHTO J. A History of Architectural Conservation [M]. New York: Routledge Press, 2002.

[4] BIANCHINI F. Cultural Policy and Urban Regeneration: The West European Experience[M]. Manchester: Manchester University Press, 1993:193-213.

[5] KESTER G H. Conversation Pieces: Community and Communication in Modern Art[M]. Los Angeles: University of California Press, 2004.

[6] EVANS G. Cultural Planning: An Urban Renaissance [M]. London: Routledge, 2002.

[7] SENIE HF WEBSTER S. Critical Issues in Public Art[M]. New York: Harpercollins, 1998.

[8] TOCQUEVILLE. Democracy in America [M]. NewYork: Bantam Doubleday Dell, 2000.

[9] FISHER I D. Frederick Law Olmsted and the City Planning Movement in the United States[M]. Michigan: UMI Research Press, 1986:37.

[10] EBENEZER H. Gartenstaedte von Morgen[M]. Ullstein: Posener, 1968.

[11] LACY S. Mapping the Terrain: New Genre Public Art[M]. Seattle: Bay press, 1995.

[12] ZAYD M. Post-apartheid ——public art in Cape Town[J]. URBAN STUDIES, 1990, 43(2): 421-440.

[13] HUBBARD P, FAIRE L, LILLEY K. Memorials to Modernity? Public art in the "city of the future"[J]. Landscape Research, 2003, 28(2): 147-169.

[14] KEEBLE L. Principles and practice of town and country planning[M]. London:Estates Gazette,1969.

[15] CHANG T C. Renaissance revisited:Singapore as a"Globe City for the Arts"[J]. International Journal of urban and Regional Research,2010,24(4):818-831.

[16] LEFEBVRE H. The Production of Space[M]. Oxford:Basil Blackwell,1992.

[17] MAGGIE H,BENSON F. Urban Lifestyles:Spaces? Place? People [M]. Rotterdam:A. A. Balkema,2000.

[18] CHARLES L. The Art of Regeneration:Urban Renewal through Cultural Activity[EB/OL]. (1996-03-01)[2016-05-01]. http://www. jrf. org. uk/report/art-regeneration-urban-renewal-through-cultural-activity.

[19] HAGUE C. The Development of Planning Thought:A Critical Perspective [M]. London:Hutchinson,1984.

[20] CULINGWORTH J B. The Political Culture of Planning: American Land Use Planning in Comparative Perspective [M]. London: Routledge,1993.

[21] LANDRY C. The Creative City:A Toolkit For Urban Innovators[M]. London:Earthscan,2008.

[22] HARDIN G. The Tragedy of the Commons. The population problem has no technical solution; it requires a fundamental extension in morality[J]. Science,1968,162(3859):1243-1248.

[23] NÉMETH J,SCHMIDT S. The privatization of public space:Modeling and measuring publicness[J]. Environment & Planning B Planning & Design,2011,38(1):5-23.

[24] GIBSON L ,STEVENSON D. Urban space and the uses of culture [J]. International Journal of Cultural Policy,2004,10(1):1-4.

[25] BASSETT K. Urban cultural strategies and urban regeneration:a case study and critique[J]. Environment & Planning A, 1993, 25 (12):1773-1788.

[26] HALL P. Urban and Regional Planning[M]. 5 ed. New York:Routledge,2010.

[27] MCLOUGHLIN J B. Urban and regional planning：A systems approach[J]. Urban Studies,1969,7(3)：305-306.

[28] BRACKEN I. Urban Planning Methods：Research and Policy Analysis. ［M］. London：Routledge,2008.

[29] TAYLOR N. Urban planning Theory Since 1945［M］. California：SAGE Publications,1998.

[30] LYNCH K. What Time is this Place? ［M］. Cambridge：The MIT Press,1972：199.

[31] 敬东.阿尔多·罗西的城市建筑理论与城市特色建设[J].规划师, 1999,15(2)：102-106.

[32] 时向东.北京公共艺术研究[M].北京：学苑出版社,2006.

[33] 于明诚.都市计划概要[M].台北：詹氏书局,1988.

[34] 吴志强.百年现代城市规划中不变的精神和责任[J].城市规划,1999, 23(1)：27-32.

[35] 洪亮平.城市设计历程[M].北京：中国建筑工业出版社,2002.

[36] 翁剑青.城市公共艺术：一种与公众社会互动的艺术及其文化的阐释 [M].南京：东南大学出版社,2004.

[37] 杜宏武,唐敏.城市公共艺术规划的探索与实践——以攀枝花市为例的 研究[J].华中建筑,2007,25(02)：95-101.

[38] 黎燕,张恒芝.城市公共艺术的规划与建设管理需把握的几个要点—— 以台州市城市雕塑规划建设为例[J].规划师,2006,22(08)：56-58.

[39] 诺伯舒兹.场所精神：迈向建筑现象学[M].施植明,译.武汉：华中科技 大学出版社,2010.

[40] 俞孔坚,李迪华.城市景观之路——与市长们交流[M].北京：中国建筑 工业出版社,2003.

[41] 卢伟民,孙俊,黄富厢.城市设计之道——导引达拉斯大都会合理发展 的经验[J].国外城市规划,2003,18(5)：57-66.

[42] 芒福德.城市发展史：起源、演变和前景[M].宋俊岭,倪文彦,译.2 版. 北京：中国建筑工业出版社,2005.

[43] 张松.城市文化遗产保护国际宪章与国内法规选编[M].上海：同济大

学出版社,2007.

[44] HALL P. 城市和区域规划[M]. 邹德慈,李浩,陈熳莎,译. 北京:建筑工业出版社,2008.

[45] 周卫. 城市规划体系构建探索[J]. 城市规划汇刊,1997(5):29-32.

[46] 马仁锋. 创意产业区演化与大都市空间重构机理研究[D]. 上海:华东师范大学,2011.

[47] 于立. 城市规划的不确定性分析与规划效能理论[J]. 城市规划汇刊,2004(2):38-42.

[48] 林奇. 城市意象[M]. 方益萍,何晓军,译. 北京:华夏出版社,2001.

[49]《上海城市规划》编辑部. "城市雕塑规划"知识[J]. 上海城市规划,2007(2):59.

[50] 周卫. 城市规划体系构建探索[J]. 城市规划汇刊,1997(5):29-32.

[51] 赵蔚. 城市公共空间的分层规划控制[J]. 现代城市研究,2001(5):8-10.

[52] 平凡. 杜尚艺术现象分析[J]. 大众文艺,2009(16):54-55.

[53] Edward W S. 第三空间——去往洛杉矶和其他真实和想象地方的旅程[M]. 陆扬,等译. 上海:上海教育出版社,2005.

[54] 莫兰. 方法:天然之天性[M]. 吴泓缈,冯学俊,译. 北京:北京大学出版社,2002.

[55] 马钦忠. 公共艺术基本理论[M]. 天津:天津大学出版社,2008.

[56] 刘彦顺. 公共空间、公共艺术与中国现代美育空间的拓展——理解蔡元培美育思想的一个新视角[J]. 浙江社会科学,2008(10):106-111.

[57] 潘绍棠. 公共艺术与百分比艺术建设——它山之石[J]. 广东建筑装饰,1999(04):20-22.

[58] 袁运甫. 公共艺术的观念·传统·实践[J]. 美术研究,1998(01):11-14.

[59] 孙振华. 公共艺术与权力[J]. 雕塑,1999(01):16-17.

[60] 黎燕,陶杨华,陈乙文. 国内城市百分比公共艺术政策初探[J]. 规划师,2008,24(11):55-59.

[61] 诸葛雨阳. 公共艺术设计[M]. 北京:中国电力出版社,2007.

[62] 何小青.公共艺术发展向度的路径分析[J].装饰,2011(3):74-76.

[63] 孙振华.公共艺术的公共性[J].美术观察,2004(11):14.

[64] 孙振华.公共艺术的政治学[J].美术研究,2005(02):28-34.

[65] 郭文昌.公共艺术管理及其美学之研究[D].嘉义:南华大学,2001.

[66] 张华鹏.哈尔滨城市公共艺术规划研究[D].哈尔滨:哈尔滨工业大学,2009.

[67] DEAR M J.后现代都市状况[M].李小科,译.上海:上海教育出版社,2004.

[68] 贝尔.后工业社会的来临:对社会预测的一项探索[M].高铦,等,译.北京:新华出版社,1997.

[69] 谢芳.回眸纽约[M].北京:中国城市出版社,2002.

[70] 索斯沃斯.街道与城镇的形成[M].李凌虹,译.北京:中国建筑工业出版社,2006.

[71] 夏铸九,王志弘.空间的文化形式与社会理论读本[M].台北:明文书局,2002.

[72] 冯原.空间政治与公共艺术的生产[J].美术观察,2003(07):72-78.

[73] 中共中央马克思恩格斯列宁斯大林著作编译局.马克思恩格斯选集:第三卷[M].北京:人民出版社,1995.

[74] 雅各布斯.美国大城市的死与生[M].金衡山,译.南京:译林出版社,2005.

[75] 马尔库塞.审美之维[M].李小兵,译.广西:广西师范大学出版社,2001.

[76] 弗里德曼.全球化与萌生中的规划文化[J].国外城市规划,2005,20(5):43-64.

[77] 林德格伦,班德霍尔德.情景规划:未来与战略之间的整合[M].郭小英,郭金林,译.2版.北京:经济管理出版社,2011.

[78] 王受之.世界现代建筑史[M].2版.北京:中国建筑工业出版社,2012.

[79] 班杜拉.思想和行动的社会基础:社会认知论[M].上海:华东师范大学出版社,2001.

[80] 周宪.审美现代性批判[M].北京:商务印书馆,2005.

[81] 刘世群.艺术色彩基础[M].北京:中国水利水电出版社,2010.

[82] 邵晓峰.探索中的前行——改革开放30年中国公共艺术发展回顾与展望[J].艺术百家,2009,25(05):29-36.

[83] 洪迪光.台北市城市设计审议制度与审议内容之研究[D].上海:同济大学,2007.

[84] 金广君,林姚宇.论我国城市设计学科的独立化倾向[J].城市规划,2004,28(12):75-80.

[85] 张京祥.西方城市规划思想史纲[M].南京:东南大学出版社,2005.

[86] 孙施文.现代城市规划理论[M].北京:中国建筑工业出版社,2007.

[87] 黄鹤.文化规划:基于文化资源的城市整体发展策略[M].北京:中国建筑工业出版社,2010.

[88] 刘开渠.要按艺术规律办事[J].美术,1979(2).

[89] 朱尚熹.以公共艺术替换城市雕塑[J].城乡建设,2004(10):14-15.

[90] 张玉花.艺术与场所——关于休斯顿公共艺术的对话[J].雕塑,2001(04):12-13.

[91] 郭公民.艺术公共性的建构:上海城市公共艺术史论[D].上海:复旦大学,2009.

[92] 赵志红,黄宗贤.艺术在公共空间中的话语转换——公共艺术概念的变迁[J].美术观察,2007(11):103-107.

[93] 贡布里希.艺术发展史[M].范景中,林夕,译.天津:天津人民美术出版社,2001.

[94] 孙振华.在艺术的背后[M].长沙:湖南美术出版社,2003.

[95] 吴士新.中国当代公共艺术研究[D].北京:中国艺术研究院,2005.

[96] 冯峰.走错房间的渔夫——艺术的产品化与设计的艺术化倾向[J].美术学报,2007,48(01):46-49.

[97] 潘诺夫斯基.作为人文主义一门学科的艺术史[M].傅志强,译.沈阳:辽宁人民出版社,1987.

[98] 金元浦.北京奥运:中国公共艺术的开篇诗[J].美术观察,2008(11):8-9.

后　　记

作为国内城市公共艺术规划方面的著作,本书做了许多开创性工作,其创新点主要体现在以下几个方面。

(1)视角创新:本书以宏观、开放的视角,将城市公共艺术与城市规划置于同一空间中,从二者实践和理论的源头出发,给研究对象以定位。从城市公共艺术发展的角度看,城市规划弥补了理性规划造成的艺术性缺失。同时用城市规划的体系和方法为城市公共艺术整体性发展提供了相应的平台和保障。

(2)学科交叉创新:城市公共艺术规划作为一个新的实践研究领域,是艺术设计学科和城市规划学科交叉创新的结果,是在我国快速城市化过程中对城市规划艺术生活价值丧失、以美化代艺术、重物质轻精神等相关问题的回应。城市公共艺术规划的提出在提升城市文化竞争力、强化城市艺术特色、满足市民艺术生活等方面具有积极和重要的意义。从学科创新来看,将城市公共艺术作为艺术设计的研究对象,是对传统艺术设计学科的扩展,而将城市公共艺术的价值和理念引入城市规划,是对城市规划艺术价值的重构和再定义。

(3)研究方法创新:本书采取从实践到理论的研究方法,通过全面收集西方城市公共艺术规划的实践研究案例,采用一定的量化分析的手段,对研究存在的领域、发展的脉络及发展的趋势形成清晰的认识。同时将目前处于分散状态但实质相互联系的城市公共艺术规划的相关实践研究内容进行整合,在此基础上结合我国国情,构建了城市公共艺术规划的工作框架和规划内容,为今后的研究和实践奠定了基础。

受时间、精力和学识所限,本书尚有诸多不足之处,主要有如下几个方面。

(1)作为一个新兴的领域,相关的研究成果相对较少,可借鉴的成熟理论和方法缺乏,因此本书对城市公共艺术规划工作框架及规划内容的论述只是为该领域的研究打下一个基础。工作框架旨在对当今城市发展过程中的城市公共艺术规划需求做出回应,弥补现有规划体系的不足,其具体规划内容,还需要更深入地研究和探讨。

(2) 以艺术家为主体的城市公共艺术系统是一个多层次、复杂的综合空间系统,其空间结构及空间演变机制与传统的城市空间演变机制存在较大的差异,外部因素与环境如何影响城市公共艺术的发展还需要进一步研究。

(3) 本书主要是利用城乡规划学和艺术学的相关知识,对如何将城市公共艺术规划引入城市规划,以及如何构建中国城市公共艺术规划的工作框架和规划内容进行初步探索。事实上,城市公共艺术的形成和发展过程十分复杂,本书主要是在城市规划和公共艺术两个系统间进行讨论,只涉及规划工作框架、规划内容层面。而作为城市大系统中的一个子系统,城市公共艺术规划必然会涉及经济、产业、社会、文化的方方面面,并且该系统内部还包含若干子系统。从不同的层次与角度出发,对更多有价值的问题的研究有待进一步展开。

(4) 面对我国现有国情,城市公共艺术实践处于起步阶段,实践过程在各城市发展中存在差异,实践的内容和形式也存在不确定性。因此本书提出的工作框架和内容并非适用于所有城市的实践,并不能解决实践中的所有问题,城市公共艺术规划的实践探索还有很长的路要走。